走进大自然丛书
ZOUJIN DAZIRAN
CONGSHU

Daziran
quwen

（最新版）
大自然趣闻
本书编写组 ◎ 编

世界图书出版公司
广州·北京·上海·西安

图书在版编目（CIP）数据

大自然趣闻／《大自然趣闻》编写组编著．—广州：广东世界图书出版公司，2009．12（2024.2 重印）
ISBN 978-7-5100-1610-3

Ⅰ．①大… Ⅱ．①大… Ⅲ．①自然科学－青少年读物 Ⅳ．①N49

中国版本图书馆 CIP 数据核字（2009）第 237603 号

书　　名	大自然趣闻 DAZIRAN QUWEN
编　　者	《大自然趣闻》编写组
责任编辑	刘国栋
装帧设计	三棵树设计工作组
出版发行	世界图书出版有限公司　世界图书出版广东有限公司
地　　址	广州市海珠区新港西路大江冲 25 号
邮　　编	510300
电　　话	020-84452179
网　　址	http://www.gdst.com.cn
邮　　箱	wpc_gdst@163.com
经　　销	新华书店
印　　刷	唐山富达印务有限公司
开　　本	787mm×1092mm　1/16
印　　张	10
字　　数	120 千字
版　　次	2009 年 12 月第 1 版　2024 年 2 月第 11 次印刷
国际书号	ISBN 978-7-5100-1610-3
定　　价	48.00 元

版权所有　翻印必究

（如有印装错误，请与出版社联系）

前 言
PREFACE

  大自然是一种客观存在,早于人类诞生之前就已经诞生了,千万年来,人类就在大自然的"拥抱下"一路走来。

  大自然包含了太多太多的神秘和奇闻,虽然从诞生伊始,人类就与大自然零距离接触,并且在很早就开始了对大自然的探索,试图了解大自然的种种奥妙之处,但到目前为止,人类还不能说已经了解了大自然,大自然依旧以它的神秘傲立于世。

  不可否认,大自然的的确确处处充满了神秘,无论是植物界,还是动物界,抑或诸如海洋湖泊、河流山泉都大量存在着人类不知道的秘密。在大自然,一些奇闻趣事经常在悄无声息地发生着,也许,在大自然看来,这一切都显得那么自然,那么平淡无奇,但在我们人类看来,却是那么的神奇无限,那么的不可思议。在人类看来,可以翩翩起舞的植物、可以捕捉小虫的植物,有放电功能的鱼,用舌"倾听"声音的鸟,还有可以建造房屋的海洋动物是那么的不可思议,不可理解,但是,这一切却是现实的存在,无可辩驳,在事实面前,人类只好收起怀疑的眼神。人类的可贵之处,就是不断探索,不断向前,从远古至今,这种可贵的精神一直保持着。在人类不懈的努力研究下,有关大自然的一些奇闻趣事已经被成功地破解出来了,但还有更多的秘密在等待人们去破解。看来,要全面认识和了解大自然还真不是简单的事。

  本书从猎奇的角度出发,在海量的有关大自然的秘密中,精心挑选相关材料,汇编了这本大自然奇闻趣事的科普书,本书的优点是内容丰富、翔实,语言诙谐、生动,加之图文并茂,可说是一本不错的可以开阔视野,增长知识的科普读物。

目 录

植物的奇闻趣事

植物喜欢"听"音乐 …………………………… 1

可以捕捉小虫的植物 …………………………… 3

翩翩起舞的舞草 ………………………………… 5

让人出现幻觉的致幻植物 ……………………… 7

"跑步"生长的植物 …………………………… 9

独具魅力的仙人掌 ……………………………… 11

树上结"面包" ………………………………… 12

"游走"四方的卷柏 …………………………… 15

杏仁桉水分的"登天旅行" …………………… 16

"胎生"植物——红茄冬 ……………………… 19

托起村庄的银杏树 ……………………………… 21

喜欢矿物的植物 ………………………………… 23

神奇的药用植物 ………………………………… 26

不怕盐"毒害"的植物 ………………………… 28

植物的情感表达 ………………………………… 30

来自植物的"报复" …………………………… 32

形形色色的植物"武装" ……………………… 33

"自杀树"杀人于无形 ………………………… 34

植物之间的生死大战 ··· 35

动物的奇闻趣事

蚂蚁中的"另类" ··· 38

奇异的蜘蛛捕食方式 ·· 40

各具神奇本领的蛇类 ·· 42

有放电功能的"电鱼" ·· 44

小鱼吃大鱼 ·· 46

在热水里游弋的鱼 ··· 48

离开了水的鱼儿 ·· 49

水弹鱼射水捕食 ·· 51

可以建造房屋的鱼 ··· 52

挥舞"刀剑"的鱼 ··· 53

肆无忌惮的食人鱼 ··· 55

"缝叶鸟"穿针引线 ·· 57

会植树的鸟 ·· 58

啄木鸟用舌"倾听"声音 ··· 59

尽职尽责的企鹅父母 ·· 60

蝙蝠的"特异功能" ·· 62

懒到极点的蜂猴 ·· 64

动物之间的"化学语言"交流 ··· 66

动物之间的声音语言交流 ·· 69

可以预报洪水来临的鳖 ··· 71

长命百岁的长寿动物 ·· 73

怪山、奇石、异洞、妙泉

喷薄的地下火龙 ·· 74

与众不同的火山 ·· 76

热气如蒸的火焰山 …………………………………… 77

黄海鸟岛——车牛山岛 ………………………………… 79

会"走路"的石头 ………………………………………… 80

能预示天气变化的石头 ………………………………… 81

东山岛铜山风动石 ……………………………………… 82

变颜色的奇石 …………………………………………… 83

能发出悦耳声音的响石 ………………………………… 84

可以蹦跳的石头 ………………………………………… 85

臭石和除臭石 …………………………………………… 86

冒水汽的沸石和含毒气的马来毒石 …………………… 86

世界上最大的洞穴——猛犸洞穴 ……………………… 88

向外喷风的奇风洞 ……………………………………… 89

蔚为壮观的地下冰洞 …………………………………… 91

普陀山上的海蚀洞 ……………………………………… 93

景色奇幻的古巴岛洞穴 ………………………………… 95

形形色色的泉水 ………………………………………… 96

广西桂平乳泉 …………………………………………… 98

荆山北麓白乳泉 ………………………………………… 100

能煎出盐的泉水 ………………………………………… 101

鱼泉、虾泉景观 ………………………………………… 102

"水火同源"泉 …………………………………………… 103

"成双"的泉 ……………………………………………… 105

河流、湖泊、海洋的奇闻趣事

奔腾不息的"世界河王" ………………………………… 106

壮观的尼亚加拉大瀑布 ………………………………… 108

"喜怒无常"的尼罗河 …………………………………… 110

能够自洁的恒河 ………………………………………… 111

变幻 8 种颜色的多瑙河 …………………………………… 112
形形色色的奇特河流 …………………………………… 114
世界上最大的天然沥青湖 ……………………………… 116
贝加尔湖的世界之最 …………………………………… 117
泾渭分明的努沃克湖 …………………………………… 119
海拔最高的的的喀喀湖 ………………………………… 120
恐怖的惊马湖和杀人湖 ………………………………… 121
奇异的三色湖泊 ………………………………………… 123
天然的太阳能储存湖泊 ………………………………… 124
海洋的中心和边缘 ……………………………………… 125
各具特色的四大洋 ……………………………………… 127
海上草原和海底森林 …………………………………… 131
蕴藏丰富的海洋聚宝盆 ………………………………… 132
海洋是个巨大的药材库 ………………………………… 133
奇异的海洋潮汐现象 …………………………………… 134
海洋水色的诸多变幻 …………………………………… 136
千姿百态的"海光"现象 ……………………………… 137
肆虐的海洋风浪 ………………………………………… 139
无风也起三尺浪 ………………………………………… 140
破坏力严重的海啸 ……………………………………… 141
"海洋邮递员"的无私行为 …………………………… 143
红、黄、黑、白四大海 ………………………………… 145
美丽与风险并存的珊瑚海 ……………………………… 147
没有海岸的海——马尾藻海 …………………………… 149
有名无"实"的"海" ………………………………… 151

植物的奇闻趣事

> 植物是生命的主要形态之一,包括种子植物、苔藓植物、蕨类植物和拟蕨类等植物,种子植物又包括裸子植物和被子植物,种类繁多,现存大约有30多万个物种。植物一般有叶绿素,能够进行光合作用。没有神经,没有感觉。从距今亿万年前的元古代诞生以来,植物由最初的简单的水生菌类和藻类,一步步进化,一步步发展,经历了不计其数的演变,才形成了如今品种丰富的繁茂类群。历经亿万年的演化变迁,在植物这个庞大的类群里,演化出了许多有特殊结构或特殊功能的植物,这些特殊结构或特殊功能的形成,多半是为了适应生存环境的需要而历经多年衍生出来的。正是由于这些特殊结构或特殊功能的存在,植物界才上演了一幕幕多彩的"奇闻趣事"。

植物喜欢"听"音乐

植物除了对营养物质的需求以外,也有对"精神生活"的"需求"。加拿大安大略省有个农民,做过一个有趣的实验,他在小麦试验地里播放巴赫的小提琴奏鸣曲,结果"听"过乐曲的那块实验地获得了丰产,它的小麦产量超过其他实验地产量的66%,而且麦粒又大又重。

20世纪50年代末,美国伊利诺伊州有个叫乔·史密斯的农学家在温室里

大自然趣闻

"听"过音乐的小麦获得了丰产

种下了玉米和大豆,同时控制温度、湿度、施肥量等各种条件,随后他在温室里放上录音机,24小时连续播放著名的《蓝色狂想曲》。不久,他惊讶地发现,"听"过乐曲的籽苗比其他未"听"乐曲的籽苗提前两个星期萌发,而且前者的茎干要粗壮得多。史密斯感到很出乎意料。后来,他继续对一片杂交玉米的试验地播放经典的乐曲,一直从播种到收获都未间断。结果又完全出乎意料,这块试验地比同样大小的未"听"过音乐的试验地,竟多收了700多千克玉米。他还惊喜地看到,"收听"音乐长大的玉米长得更快,颗粒大小匀称,并且成熟得更早。

如果能在农田里播放轻音乐,就可以促进植物的成长而获得大丰收,这似乎不是遥远的事情了。

美国密尔沃基市有一位养花人,当向自家温室里的花卉播放乐曲后,他惊奇地发现这些花卉发生了明显地变化:这些栽培的花卉发芽变早了,花也开得比以前茂盛了,而且经久不衰。这些花看上去更加美丽,更加鲜艳夺目。

这是一株番茄,在它的枝干上还悬着个耳塞机,靠近它可以听到里面正传出悠扬动听的音乐。奇迹出现了,这株番茄长得又高又壮,结的果实也又多又大,最大的一个竟有2千克。原来番茄也喜欢听音乐呢。

那么,它到底喜欢听哪种音乐呢?

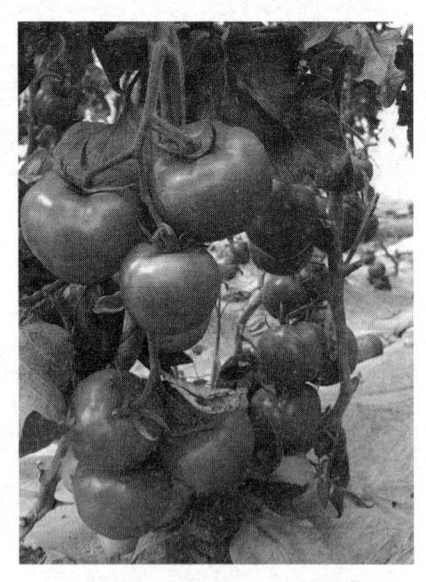

"听"过音乐的番茄长得又多又大

2

人们继续做实验,对一些番茄有的播放摇滚乐曲,有的播放轻音乐,结果发现,听了舒缓、轻松音乐的番茄长得更为茁壮,而听了喧闹、杂乱无章音乐的番茄则生长缓慢,甚至死去,原来番茄也有对音乐的喜好和选择。

几乎所有的植物都能听懂音乐,而且在轻松的曲调中茁壮成长。甜菜、萝卜等植物都是"音乐迷"。有的国家用"听"音乐的方法培育出2.5千克重的萝卜,小伞那样大的蘑菇,27千克重的卷心菜。

科学工作者还发现,不同植物有不同的音乐"爱好"。黄瓜、南瓜"喜欢"箫声;番茄"偏爱"浪漫曲;橡胶树"喜欢"噪声。美国科学家曾对20种花卉进行了对比观察,发现噪音会使花卉的生长速度平均减慢47%,播放摇滚乐,就可能使某些植物枯萎,甚至死亡。

植物听音乐的原理是什么呢?原来那些舒缓动听的音乐声波的规则振动,使得植物体内的细胞分子也随之共振,加快了植物的新陈代谢,而使植物生长加速起来。

可以捕捉小虫的植物

在我们看来,动物吃植物是正常的事。可是,你知道吗?还有植物吃动物的。在众多的绿色植物中,约有500种植物能捕捉小虫,这类植物叫食虫植物。你想知道它们是怎样捕食小虫的吗?

狸藻是我国各地池沼中常能见到的一种水生植物,虽然,它的名字中带有"藻"字,但是,它是种子植物而非藻类植物。它的茎细而长,叶如细丝,有一部分叶变成了特别的捕虫囊,囊口边上生了几根刺毛,还有一个能向囊内开的

会"捕虫"的狸藻

"门"。当小虫随流水游入囊中时,就被关在里面被狸藻慢慢地消化掉了。

茅膏菜也是一种食虫植物,在我国东南各省常见。它的个子仅10厘米左右,叶片变成一盘状捕虫器,盘的周围生有许多腺毛。腺毛是植物上的一种分泌结构,不同植物上的腺毛所分泌的物质不一样。当小虫爬到茅膏菜的叶上,腺毛受到刺激就向内卷缩,把小虫牢牢地"捆住"。与此同时,腺毛也开始分泌消化液把小虫消化掉。之后,腺毛又慢慢地张开,等待下一个受害者的到来。

捕蝇草在世界许多植物园都有栽培,是一种珍奇的食虫植物。它的捕虫器形状很像一个张开的"贝壳","贝壳"的边缘有二三十根硬毛,靠中央还生有许多感觉毛,当小动物触动感觉毛时,"贝壳"在20～40秒之内就闭合上了,然后靠消化液把小动物"吃"掉。捕蝇草的一顿美餐大约要花7～10天的时间。

在我国的云南、广东等南方各省,你可以见到一种绿色小灌木,它的每一片叶子尖上,都挂着一个长长的"小瓶子"(实为变态的叶),上面还有个小盖子,盖子通常情况下是半开着的。这"小瓶子"的形状很像南方人运猪用的笼子,所以人们给这种灌木取了个名字,叫"猪笼草"。奇妙的就是它的这个"小瓶子"。猪笼草的"瓶子"内壁能分泌出又香又甜的蜜汁,贪吃的小昆虫闻到甜味就会爬过去吃蜜。也许就在它吃得正得意的时候,脚下突然一滑,一头栽到了"小瓶子"底上,瓶子上面的盖自动关上了,而且瓶子里又贮有黏液,昆虫很快被黏液粘得牢牢的,想跑是跑不掉了。于是,猪笼草便得到了一顿"美餐"。

用瓶状的叶子捕食虫类的植物还有很多,在印度洋中的岛屿上就发现了将近40种。那些奇怪的"瓶子"有的像小酒杯,有的像罐子,还有的大得简直像竹筒,小鸟陷进去也别想飞出来。但是要说构造的精巧、复杂,我国的特产——猪笼草的"瓶子"是要排在第一位的。

进入夏天后,在沼泽地带或是潮湿的草原上,常常可以看到一种淡红色的小草,它的叶子是圆形的,只有一个小硬币那么大。叶上面长着许多绒毛,一片叶子上就有200多根。绒毛的尖端有一颗闪光的"小露珠",这是由绒毛分泌出来的黏液。这种草叫毛毡苔,也是一种吃虫草。如果一只小昆虫爬到它的叶子上，那些"露珠"立刻就把它粘住了，接着绒毛一齐迅速地逼向昆虫，把它牢牢地按住，并且分泌出许多黏液来，以把小虫溺死。过一两天后，昆虫就只剩下一些甲壳质的残骸了。最奇妙的是，毛毡苔竟能分辨出落在它叶子上的是不是食物。如果你和它开个玩笑，放一粒砂子在它的叶子上，起初那些绒毛也有些卷曲，但是它很快就会发现这不是什么可口的食物，于是又把绒毛舒展开了。

从上面一定得出了这么一个结论：食虫植物食虫全靠它们各种奇妙精致的捕虫器。但是，不要忘记这些捕虫器都是由叶子变化来的。也许你会问，绿色植物不是自己能制造养料吗？为什么这些绿色植物要吃虫呢？科学家们研究发现，这些植物的祖先都生活在缺氮的环境中，而且它们的根系又不发达，吸收矿物质养料的能力较差。为了获得它们所不足的养料，满足生存的需要，经过长期的自然选择和遗传变异，一部分叶子就逐渐演变成各种奇特的捕虫器了。

种子植物

种子植物，植物界最高等的类群，是最进化的种类，世界上已经分化出20余万种种子植物。种子植物是现今地球表面绿色的主体。所有的种子植物都有两个基本特征：（1）体内有维管组织——韧皮部和木质部；（2）能产生种子并用种子繁殖。

种子植物可分为裸子植物和被子植物。裸子植物的种子裸露着，其外层没有果皮包被。被子植物的种子的外层有果皮包被。

翩翩起舞的舞草

植物会运动，这在现代人看来已不是什么新鲜事了。例如，合欢树的小叶，随日出日落而张开闭合；用手轻轻摸一下含羞草的叶子或茎枝，它就会像一个害羞的小姑娘低下"头"去。还有一种更让人叹为观止的植物，它的运动既不像向日葵那样被太阳"牵着鼻子走"，也不像含羞草那样要外界刺激才会运动，而是我行我素，别具一格。它就是舞草。

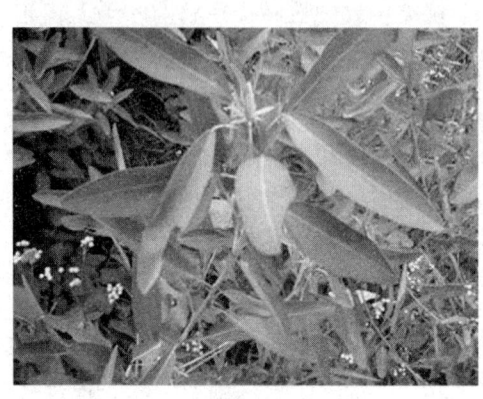

奇妙的跳舞草

科学工作者形容舞草的运动犹如跳舞，所有的舞步都是由叶子完成的，在它的三出复叶（指由三片小叶共同组成的叶子，排列像扑克中的"梅花"图案）中，一对侧小叶或做360度大回环，或做上下摆动。同一棵舞草上，有的小叶运动快，有的则慢，看上去颇有节奏感。一会儿两片小叶同时向上合拢，然后又慢慢地分开展平，像彩蝶在轻舞双翅；一会儿一片小叶向上，另一片小叶向下，如同艺术体操中的造型；有时许多小叶同时翩翩起舞，像是在开一个盛大的舞会，蔚为壮观。当夜幕降临，舞草便进入"睡眠"状态：叶柄向上贴向枝条，三小叶中的老大——顶端小叶下垂，像一把合起的折刀。另两小叶仍然"舞兴"未减，还在慢慢转动，只是劳累了一天，速度不如白天了。

舞草以植物中"舞星"的荣誉已步入花卉行列。但是，舞草起舞的原因是什么？

据传说，古时候西双版纳有一位美丽善良的傣族农家少女，名叫多依，她天生酷爱舞蹈，且舞技超群，出神入化。她常常在农闲之际巡回于各族村寨，为广大贫苦的老百姓表演舞蹈。身形优美、翩翩起舞的她好似林间泉边饮水嬉戏的金孔雀，又像田野上空自由飞翔的白仙鹤，观看她跳舞的人都不禁沉醉其间，忘记了烦恼，忘记了忧愁，忘记了痛苦，甚至忘记了自己。天长日久，多依名声渐起，声名远扬。

后来，一个可恶的大土司带领众多家丁将多依强抢到他家，并要求多依每天为他跳舞。多依誓死不从，以死相抗，趁看守家丁不注意时逃出来，跳进澜沧江，自溺而亡。许多穷苦的老百姓自发组织起来打捞了多依的尸体，并为她举行了隆重的葬礼。

后来，多依的坟上就长出了一种漂亮的小草。每当音乐响起，它便和节而舞，人们都称之为"跳舞草"，并视之为多依的化身。

另据传说，古时候有一傣族少女殉情自杀，死后便化身为跳舞草。所以，一旦遇到多情的小伙子高唱情歌，它就会随歌起舞。

当然，这些只是人们的美妙传说，而不是科学结论。科学家经过研究认为，跳舞草实际上是对一定频率和强度的声波极富感应性的植物，与温度和阳光有着直接的关系。当气温达到24℃以上，且在风和日丽的晴天，它的对对小叶便会自行交叉转动、亲吻和弹跳，两叶转动幅度可达180度以上，然后又弹回原处，再重复转动。

当气温在28℃~34℃之间，或在闷热的阴天，或在雨过天晴时，纵观全株，数十双叶片时而如情人双双缠绵般紧紧拥抱，时而又像蜻蜓翩翩飞舞，使人眼花缭乱，给人以清新、美妙、神秘的感受。当夜幕降临时，它又将叶片竖贴于枝干，紧紧依偎着，真是植物界罕见的多情草。

让人出现幻觉的致幻植物

什么叫"致幻植物"呢？简单地说，就是指那些食后能使人或动物产生幻觉的植物。具体地讲，就是指有些植物，因它的体内含有某种有毒成分，如裸头草碱、四氢大麻醇等，当人或动物吃下这类植物后，可导致神经或血液中毒。中毒后的表现多种多样：有的精神错乱；有的情绪变化无常；有的头脑中出现种种幻觉，常常把真的当成假的，把梦幻当成真实，从而做出许许多多不正常的行为来。

有一种称作墨西哥裸头草的蘑菇，体内含有裸头草碱，人误食后肌肉松弛无力，瞳孔放大，不久就发生情绪紊乱，对周围环境产生隔离的感觉，似乎进入了梦境，但从外表看起来仍像清醒的样子，因此，所作所为常常使人感到莫名其妙。

当人服用哈莫菌以后，服用者的眼里会产生奇特的幻觉，一切影像都被放大，一个普通人转眼间变成了硕大无比的庞然大物。据说，猫误食了这种菌，也会慑于老鼠忽然间变得硕大的身躯，而失去捕食老鼠的勇气。这种现象在医学上称为"视物显大性幻觉症"。

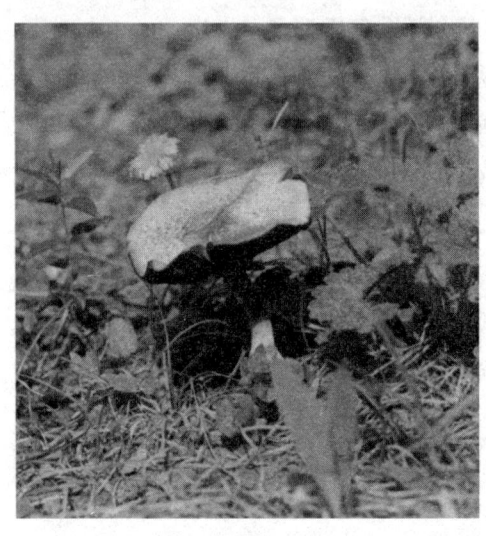

褐鳞灰蘑菇

褐鳞灰蘑菇的致幻作用则是另外一种情形。服用者面前会出现种种畸形怪人：或者身体修长，或者面目狰狞可怕。很快，服用者就会神志不清、昏睡不醒。

大孢斑褶蘑菇的服用者会丧失时间观念，面前出现五彩幻觉，时而感到四周绿雾弥漫，令人天旋地转；时而觉得身陷火海，奇光闪耀。美国学者海·姆，曾在墨西哥的古代玛雅文明中发现有致幻蘑菇的记载。以后，人们在危地马拉的玛雅遗迹中又发掘到崇拜蘑菇的石雕。原来，早在3000多年前，生活在南美丛林里的玛雅人就对这种具有特殊致幻作用的蘑菇产生了充满神秘感的崇敬心情，认为它是能将人的灵魂引向天堂、具有无边法力的"圣物"，恭恭敬敬地尊称它为"神之肉"。

国外有不少科学家相继对有致幻作用的蘑菇进行过研究，他们发现在科学尚未昌明的古代，秘鲁、印度、几内亚、西伯利亚和欧洲等地有些少数民族在进行宗教仪典时，往往利用致幻蘑菇的"魅力"为宗教盛典增添神秘气氛。应该引起注意的是，这种带有浓厚迷信色彩的事情，在科学已很发达的今日，仍被某些人利用，作为他们骗取人们钱财的一个幌子，这是非常可悲的！

除了蘑菇，大麻也有致幻作用。大麻是一种有用的纤维植物，但是在它体内含有四氢大麻醇，这是一种毒素，吃多了能使人血压升高、全身震颤，逐渐进入梦幻状态。再比如，在南京中山植物园温室中有一种仙人掌植物，称为乌羽飞，它的体内含有一种生物碱——"墨斯卡灵"，人吃后1～2小时便会进入梦幻状态。通常表现为又哭又笑、喜怒无常。这种植物的原产地在南美洲。

由于致幻植物引起的症状和某些精神病患者的症状颇为相似，药

可以致幻的大麻

物学家因此获得新的启示：如果利用致幻植物提取物给实验动物人为地造成某种症状，从而为研究精神病的病理、病因以及探索新的治疗方法提供有效的数据，那将是莫大的收获。

生物碱

生物碱是存在于自然界（主要为植物，但有的也存在于动物）中的一类含氮的碱性有机化合物，有似碱的性质，大多数有复杂的环状结构，氮素多包含在环内。生物碱有显著的生物活性，是中草药中重要的有效成分之一。有些不含碱性而来源于植物的含氮有机化合物，也有明显的生物活性，所以包括在生物碱的范围内。目前已知的生物碱种类约在2000种以上。

"跑步"生长的植物

有人路过一片茂密的竹林，打算在这儿过一夜，他随手把帽子挂在一株青嫩的竹子尖上。夜里，竹林里不时传来"叭叭"的声音，仿佛是一首催眠曲。

大自然趣闻

第二天,这个人一觉醒来,想接着赶路,却发现帽子被竹子顶得高高的,必须跳起来才能够着。是谁跟他开玩笑,把帽子给抛上去的吗?不是,原来是那棵青竹开的玩笑,它长个儿了,一夜之间竟高了40多厘米,难怪那个人够不着帽子了。而夜里听到的"叭叭"之声,竟是竹子拔节时发出的声音。

竹子真不愧是长个儿最快的植物了,有时一昼夜间它就能蹿1米多,如果耐心地观察,你可以看到竹子像钟表的指针一样移动着向上生长。

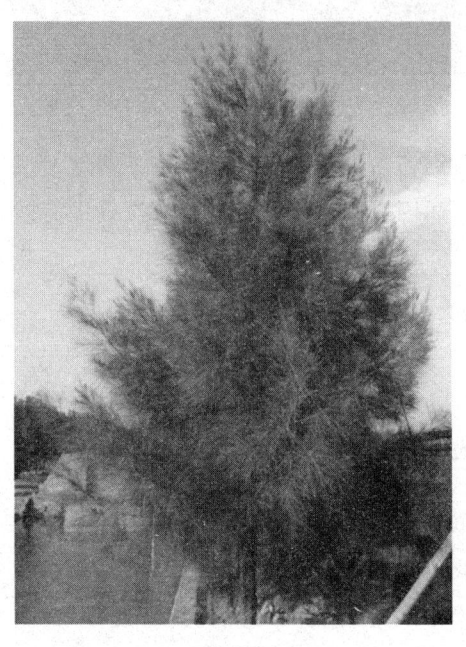

生长速度极快的木麻黄

自然界里有不少植物都长得很迅速。像树中"巨人"杏仁桉,能长到150米,简直可以和星星交朋友了。当它栽种后的第一年就可长五六米,五六年后,就已是近20米的巨树了。

海岸边的先锋木麻黄负有抵御台风、防止风沙的任务。为了适应海滩恶劣的环境,木麻黄一边深深扎根,一边迅速长高,如果条件较好,一年就能长高3米!这惊人的长个儿速度,使一些去远海捕捞,数月后才能回来的渔民,居然不敢认自己的渔村了。是啊,出海时光秃秃的沙滩,现在已成了一片郁郁葱葱的木麻黄的天下。

绿化城市时,人们也爱选用一些速生树种。在我国的北方,白杨树是比较普遍的,它笔直的树干高高伫立,浓密的树荫遮蔽了夏日炎热的阳光。它的生长速度就比较快,七八年就有十多米高,十几年就能用材了。人们称赞它是"五年成椽,十年成檩,十五年成柁"。

北京的车公庄大街,道旁是高大的速生树泡桐,春天紫花飘香,夏天浓荫蔽日,秋天是成串的铃铛般的果实,惹人喜爱。

速生植物真给人们带来了许多好处。

独具魅力的仙人掌

从前,沙漠中毒蛇出没,危害人类。过着游牧生活的阿兹台克部族,为了寻找没有毒蛇的地方定居,跋涉了一年仍没能如愿。在睡梦中,他们听到了神的启示:"阿兹台克人啊,走吧,找下去,当看到兀鹰叼着一条毒蛇站在仙人掌上,那就表示邪恶已被征服,你们可以在那里定居下来。"阿兹台克人按照神的指示,历尽艰辛,顽强地找寻着。一天,他们果真看到了神所启示的情景,便在特斯科湖附近的地方定居了,在那里逐渐建立起具有高度文明的特诺奇蒂特兰城。相传它就是现在的墨西哥城。

这是流传于墨西哥的关于仙人掌的神话。在墨西哥一些史书上,也记载着远古时,神把仙人掌赐给墨西哥民族的传说。

墨西哥是举世闻名的仙人掌之国。它的境内是高原和山脉,占全国一半面积的北部地区有大片的沙漠,那里的仙人掌科植物多极了,几乎占了全世界仙人掌的一半,人们都说墨西哥大地似乎特别适合仙人掌的生长。巨大的仙人掌有的高达 15 米,有几百个枝杈,仿佛是一座楼。仙人柱更有几

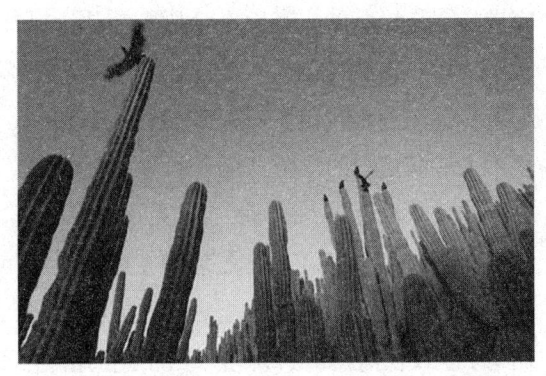

墨西哥仙人掌"树林"

十米高的,像是沙漠上屹立的巨人。最大的仙人球直径有 2~3 米,重达 1 吨。仙人鞭、仙人棒、仙人山,也各展风姿,独具魅力。仙人掌的花绚丽灿烂,黄色的、红色的,像喇叭、像漏斗,最大的直径达 60 厘米。它的果实有鸭蛋大小,除了黑色,什么颜色的都有,而且味道很甜。墨西哥的城市里处处栽种仙人掌,美化得与众不同。农民们也利用它们防止水土流失,保护农

田。仙人掌在墨西哥的历史上有重要的社会和宗教地位，有的被当做神明顶礼膜拜，有的被看成是避邪的神木，有的被用做治病的妙药。当然，仙人掌确有治疗肛肠出血和炎症的作用，甚至能抑制某些癌细胞。

墨西哥人吃仙人掌也很有一套。他们把仙人掌果实外边的刺削去，就可以生吃了；炒熟或做凉拌菜也别有风味。柔嫩多汁的绿茎可以盐渍糖腌，做凉菜、酸菜和蜜饯。墨西哥的菜市场里就有大量仙人掌嫩茎出售。除了直接吃，还可以用果实熬糖、酿酒。印第安人则喜欢把它磨成浆粉，煎糍粑当主食吃。

仙人掌和墨西哥人的不解之缘随处可见，连国旗、国徽和货币上，都有骄傲的仙人掌，它衬托着口衔大蛇的兀鹰成了装饰性的图案。仙人掌家族能在墨西哥兴旺发达，是因为它特别适合这里沙漠、半沙漠的生活环境。沙漠中降雨很少，水的来源与保存是最大的问题。它的根特别长，不仅能使自己牢牢地站在沙漠里，还特别能吸收土壤深层的水分。它的叶子退化成了小刺毛，大大减少了水分的蒸腾散失。本来主要由叶子承担的光合作用改由茎去完成。茎是绿色的，表面有角质和蜡质，既能减少蒸腾出去的水分，又不耽误光合作用；而且茎大大加粗了，变得肥厚多汁，在下雨时能很快地生长并大量贮存水分。在沙漠中往来的行人口渴时，就劈开仙人掌的茎，取里面的积水来滋润焦干的喉咙。最大的仙人掌能储存几百千克的水呢。

仙人掌耐渴的本领到底有多大？能好几年不喝水吗？有人拔起一个仙人球，称了称，有37.5千克重，然后扔在屋子里6年，没有理睬它，它却依然活着！再称一称，体重为26.5千克。也就是说，6年它没喝一滴水，而不得不动用的储备水也仅仅消耗了11千克。换了别的植物，怕是早就魂归西天啦！

树上结"面包"

世界上有结面包的树吗？没有！但确实有面包树这种树。在南太平洋上一些国家和地区的面包树及非洲的猴面包树，因它们结的果实巨大像面包而得名。

植物的奇闻趣事

人们一般吃的面包总是用面粉做的,可是在南太平洋一些岛屿上的居民,他们吃的"面包"却是从树上摘下来的。

面包树是四季常青的大乔木,属桑科。一般高10多米,最高可达40~60米。树干粗壮,枝叶茂盛,叶大而美,一叶三色,当地居民用它编织成漂亮轻巧的帽子。面包树雌雄同株,雌花丛集成球形,雄花集成穗状。在它的枝条上、树干上直到根部,都能结果。每个果实是由一个花序形成的聚花果,大小不一,大的如足球,小的似柑橘,最重可达20千克。面包树的结果期特别长,从头年11月一直延续到第二年7月,1年可以收获3次。以无核果为优良品种,果肉充实,味道香甜。每株树可以结面包果六七十年。面包果的营养很丰富,含有大量的淀粉,还有丰富的维生素A和B及少量的蛋白质和脂肪。人们从树上摘下成熟的面包果,放在火上烘烤到黄色时,就可食用。这种烤制的面包果,松软可口,酸中有甜,风味和面包差不多。面包果还可用来制作果酱和酿酒。面包果是当地居民不可缺少的木本粮食,家家户户的住宅前后都有种植。一棵面包树所结的果实,能养活一两个人。

猴面包树,学名又叫波巴布树,又名猢狲木,是大型落叶乔木。猴面包树树冠巨大,树杈千奇百怪,酷似树根,远看就像是摔了个"倒栽葱"。它树干很粗,最粗的直径可达12米,要40个人手拉手才能围它一圈,但它个头又不高,只有10多米。因此,整棵树显得像一个大肚子啤酒桶。远远望去,树似乎不是长在地上,而是插在一个大肚子的花瓶里,因此又称"瓶树"。

猴面包树

猴面包树的树形壮观，果实巨大如足球，甘甜汁多，是猴子、猩猩、大象等动物最喜欢的美味。当它果实成熟时，猴子就成群结队而来，爬上树去摘果子吃，所以大家又叫它"猴面包树"。

热带草原气候终年炎热，有明显的干湿季节。干季时降雨很少，猴面包树为了能够顺利度过旱季，在雨季时，就拼命地吸收水分，贮藏在肥大的树干里。据说，它能贮几千千米甚至更多的水，简直可以称为荒原的贮水塔了。它的木质部像多孔的海绵，里面含有大量的水分，在干旱时，便成了人们理想的水源。在沙漠旅行，如果口渴，不必动用"储备"，只需用小刀在随处可见的猴面包树的肚子上挖一个洞，清泉便喷涌而出，这时就可以拿着缸子接水畅饮一番了。因此，不少沙漠旅行的人说，"猴面包树与生命同在，只要有猴面包树，在沙漠里旅行就不必担心。"它曾为很多在热带草原上旅行的人们提供了救命之水，解救了因干渴而生命垂危的旅行者，因此又被称为"生命之树"。

猴面包树浑身是宝。其鲜嫩的树叶是当地人十分喜爱的蔬菜。叶子能做汤，也可以喂马。种子能炒食。果肉可以食用或制成饮料。果实、叶子以及树皮均可入药，并且有养胃利胆、清热消肿、止血止泻的功效，还含有抵抗胃癌细胞形成和扩散的物质。其树叶和果实的浆液，至今还是当地常用的消炎药物。它的花朵酷似香蕉状，据说它的花朵只在晚上盛开，而且一旦开始，花朵便会在一分钟的时间里完全盛开。

猴面包树的木质又轻又软，完全没有木材利用价值。但有趣的是，当地居民常把树干的中间掏空，搬进去居住，形成一种非常别致的大自然"村舍"。也有的居民将掏空的树干作为畜栏或贮水室、储藏室。令人感到奇怪的是，在猴面包树洞里贮存食物，可以放置很长时间而不腐烂变质。

猴面包树还是有名的长寿树，即使在热带草原那种干旱的恶劣环境中，其寿命仍可达5000年左右。据有关资料记载，18世纪，法国著名的植物学家阿当松在非洲见到一些猴面包树，其中最老的一棵已活了5500年。由于当地民间传说猴面包树是"圣树"，因此受到人们的保护。

乔木

乔木是具有直立主干、树冠广阔、成熟植株在6米以上的多年生木本植物。乔木的树干和树冠有着明显的区别。乔木可依其高度而分为四级：31米以上的称为伟乔、21～30米的成为大乔、11～20米的称为中乔、6～10米的称为小乔。按冬季或旱季落叶与否，乔木又分为落叶乔木和常绿乔木。落叶乔木指每年秋冬季节或干旱季节叶全部脱落的乔木，一般指温带的落叶乔木，常绿乔木是一种终年具有绿叶的乔木。

"游走"四方的卷柏

南美洲有一种奇异的植物，名字叫卷柏。说它奇特是因为它会走路。为什么植物会走路呢？是因为生存的需要。卷柏的生存需要充足的水分，当水分不足时，它就会把自己的根从土壤里拔出来，让整个身体蜷缩成一个圆球状，由于体轻，只要稍微有一点儿风，它就会随风在地面上滚动，一旦滚到水分充足的地方，圆球就会迅速地打开，根重新钻到土壤里，暂时安居下来。当水分又一次不足，住得不称心如意时，它又会迅速游走寻找充足的水源。

有人说卷柏的游走在不断地给生命创造好的环境。可他不知，卷柏的这种游走也常会使它丢了性命，游走的卷柏有的被风吹起挂在树上，渐渐地枯死；有的滚到路上会被车压扁；淘气的孩子甚至把几柱卷柏和在一起当球踢……这些卷柏终究逃脱不了死亡的命运。

难道卷柏不走就生存不了吗？

会"走路"的卷柏

为此,一位植物学家对卷柏做了这样一个试验:用挡板围出一片空地,把一株游走的卷柏放入空地中水分最充足的地方。不久卷柏便扎根生存下来。几天后,当这处空地水分减少的时候,卷柏便抽出须根,卷起身子准备换地方,可实验者并不理会准备游走的卷柏,并隔绝一切可能将它移走的条件。不久,实验者看到了一个可笑的现象,卷柏又重新扎根生存在那里,而且在动不了的情况下,便再也不动了。试验还发现,此时卷柏的跟已深深地扎入泥土,而且长势比任何一段时间都好。可能它发现了扎根越深水分就越充分……

无独有偶,在我国东北大草原上,也有一种会"走路"的植物,名叫"风滚草"。每当秋天,风滚草的枝条都向内弯曲,卷成一个圆球。秋风一吹,"圆球"就脱离根部,拔地而起,在地上打起滚来,一直能滚出几十里远。即使在冬天,大雪覆盖了草原,也根本阻挡不了风滚草的脚步,它们照样可以在地上滚来滚去,继续旅行,直到春暖花开,才停止漂泊,扎根安家。

风滚草

在遥远的秘鲁沙漠里,也有一种仙人掌能够随风走动。它们的根是由一些软刺构成的。随着风向,在特殊的根部支持下,这种仙人掌会一步一步地移动。一旦遇到合适的生长环境,仙人掌就会停下脚步,安营扎寨,生长发育。如果遇不到合适的土壤,它们只好继续向前走,寻找理想的家园。

杏仁桉水分的"登天旅行"

在澳洲大陆及附近各岛屿上,生长着世界上最高大最挺拔的植物——桉树,它是自然界赋予人们的最美丽最珍贵的礼物之一。别看它长得又高又快,可它的木材致密硬重，在造木船时，把它用作船只的龙骨和桅杆，那是再好不过了。要是用它制造电线杆和木桩子，也非常经久耐用。扯下一片小叶子，揉碎后能闻到一股桉叶油特有的香味。桉叶油不但在医学上有用，还能添加在食品里，桉叶糖就因此而清香爽口。澳大利亚人非常喜欢桉树，他们自豪地把桉树尊为"国树"。

桉树的家族共有600多个成员，高个子特别多，最高的是世界冠军杏仁桉。杏仁桉的身高一般在100米以上，最登峰造极的一株高达156米。它的树干直插云霄，有50层楼房那么高，这是人类已经测量到的最高纪录了。可想而知，当鸟儿在树顶上唱歌时，人在树下听见的仿佛是蚊子的哼哼声。

住在第50层楼的人要想喝上水，必须给大楼安装水泵，靠极大的压力把水送到楼顶。那么处在100多米高的杏仁桉顶部的枝叶怎样才能"喝"到水呢？不要担心，植物自有一套输导水分的妙法。

高大挺拔的桉树

如果你从比较靠近地面的地方折断一棵草本植物的茎，过一会儿，你就会看到从折断的伤口处流出液滴，这是植物根系的生理活动所产生的能使液流从根部向上升的压力造成的。杏仁桉这样的大树根部的压力当然比草本植物大得多。

杏仁桉毕竟有100多米高，光靠根部的这种压力还不足以把水压到树顶的叶子里。而能把水"拉"上来的力量还有蒸腾作用，它的拉力远大于根部的压力。水分从叶表面的气孔散失到空气中后，失去水分的叶肉细胞会向旁边的"同伴"要水，"同伴"再向旁边的细胞要水。接力棒这么传递下去，就得从导管里要水了。

导管里的水给了叶肉细胞，导管中的水柱会不会断裂而形成一段无水的空白区呢？不会。当你向杯子中倒满水，稍高出杯沿的水面是弧形的，它们不会流出杯子来。这是因为水分子彼此"手拉手"，团结一致，紧紧聚集在中央，才没有流出来。导管中的水也是"手拉手"的，当最远处的水分子被吸收到细胞中去时，与它"手拉手"的水分子被拖拽着向上移动，补充了它的位置，而下一个水分子又补充了与自己"手拉手"的"同伴"的位置。就这样，水分子们紧紧地携手相随，谁也不松开，保证一起行动。

杏仁桉靠着这几种力量把水从根部吸收进来，再经过长长的输水线送到树梢，这个过程不过只需几个小时。据测定，水在植物体内由低处向高处运送的速度为每小时5～45米，一般的草本植物只需10多分钟，全身细胞就能"喝"上水了。

植物从土壤中吸收的水分经过由低升高的"登天旅行"，绝大部分又跑出了植物体。这个消耗量可不小，实际上吸收来的水有99%被丢到了空中。不过植物干的并不是瞎折腾的傻事，水分从气孔中出来时已经"改头换面"，吸收了大量的热能，变为水蒸气，保护了在阳光照射下忙碌地进行光合作用的叶子，使叶子不至于受强光的伤害。同时，根吸收进来的无机盐是细胞的养料，它也必须溶解在水里，靠体内的这条输水道运给各处细胞。否则，细胞饥渴交加，离寿终正寝就不远啦。

在我国北方炎热干燥的天气里，我们身上的汗会很快蒸发掉，使人觉得虽然热，但很干爽。在南方潮湿多雨的季节，身上总是又湿又黏，汗从脸上、身上蒸发不掉，变成道道水流。在不同气候中生长的植物也有类似情况，像热带雨林中，许多植物的水分从根部旅行到叶子时，形成颗颗水珠由叶子尖端滴下来。而干旱地区的植物面临的是更严酷的环境，它们必须有一套减少蒸腾失水的办法才能活下去。

草本植物

草本植物是一类植物的总称，与木本植物相对应，人们通常将草本植物称作"草"，而将木本植物称为"树"。草本植物的植物体木质部较不发达，茎多汁，较柔软。按生活周期的长短，草本植物可分为一年生、二年生或多年生植物。一年生草本植物是指从种子发芽、生长、开花、结实至枯萎死亡，其寿命只有1年的草本植物。二年生草本植物是指第一年生长季（秋季）仅长营养器官，到第二年生长季（春季）开花、结实后枯死的植物。多年生草本植物是指生活期比较长，一般为两年以上的草本植物。

"胎生"植物——红茄冬

在热带和亚热带的沿海地区，汹涌的海潮日夜不停地冲击着海岸，把岸边的岩石、泥沙以及弱小的生命统统裹挟到浪涛中，然后退入大海。

一般的植物在这狂躁不宁的海洋边和又苦又咸又涩的海水中是无法生存的。但红树林却能独领风骚，在靠近海岸的浅海地区，形成一片片绵密葱郁的海上森林，狂风巨浪对它们也无可奈何。它们那露出水面的部分繁茂苍翠，地面和地下纵横伸展着各种各样的支柱根、呼吸根、蛇状根等，形成了一道抵挡风浪、拦截泥沙、保护海岸的绿色长城。它们任凭风吹浪打，潮起潮落，始终坚不可摧，岿然不动。

这座海上长城由红树、红茄冬、海莲、木榄、海桑、红海榄、木果莲等十几种常绿乔木、灌木和藤本植物组成。它们的叶子其实仍是绿的，只是用树皮和木材中的一种物质制成的染料是红色的，所以人们便把全世界分属于23个科的这类植物统称为红树。

红树林

红树在盐水浸透的黏性淤泥中生活得自由自在。在炎热的阳光照射下，退潮后，淤泥表面的水分很快蒸发，形成了一薄层盐壳，而下次涨潮又带来新的盐分。所以,红树的根喝的不是普通水,而是浓盐水。盐水进入红树的茎干枝杈,使它通体是盐。幸好,大自然在它的叶子上布下了专门从体内吸收并排出多余盐分的盐腺,难怪红树的叶子上总有亮闪闪的结晶盐颗粒呢。

红树的叶子非常珍惜水,它的表面覆盖着一层厚厚的蜡质,水只能一点一点地慢慢蒸发。因为虽然它脚下有足够的水,可那些水实在太咸了,而植物汁液中的水已被淡化,是果实发育所必需的几乎全纯的淡水。没有淡水,种子就成熟不了,就要"胎死腹中"。

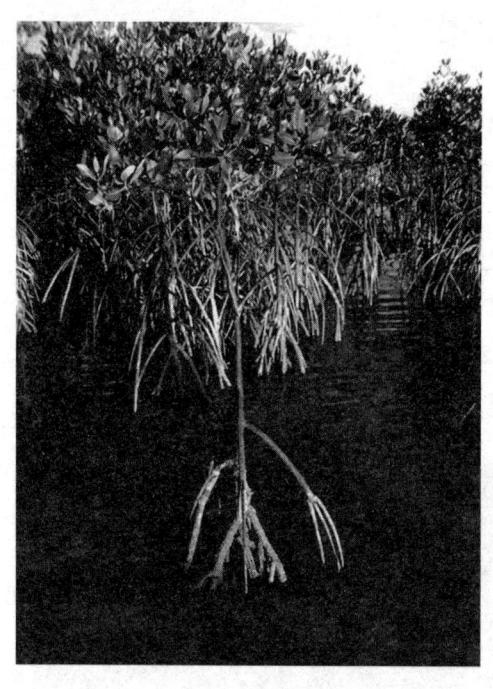

红树奇妙的"胎生"

在这种严酷的环境中,红茄冬等植物形成了一种奇特的适应方法:胎生。一般的植物都是种子在母体内发育长大后,便挣脱"襁褓",随着风、水或动物等旅行到远方,一旦自己完全成熟,做好了萌发的准备,又有了合适的水分、温度和空气等条件,就破土而出,开始新的一生。红茄冬却完全不是这样。它的种子几乎不休眠,还没有离开母体植物,便在果实中萌发了。它的胚根撑破果实外壳,露出头来;下胚轴迅速伸长,增粗变绿,和胚根共同长成了一个末端尖尖的棒状体,好像一根根木棍挂在枝条上。有的植物则像豆荚、像羊角、像纺锤、像细长的炮弹。子叶呢,拼命地吸取母体那清淡爽口而富于营养的汁液,但随着身体长大,它从母体吸取到的盐分也在不断增多。大树把自己的孩子养上半年左右,当种子萌发形成的幼苗长出几片叶子,根有几十厘米长时,一阵风吹来,它便把幼小的红茄冬从树上抖落,幼苗就垂直地掉了下去。这大概可以算是母体的"分娩"吧。

幼苗的重心在根的中部，所以它绝不会倒栽葱似地狼狈落下。此时若正涨潮，幼苗就直立着漂浮在水中，直到潮水退尽，它便在新地方安身立命，于是，红茄冬的家族便占有了新的地盘。幼苗扎根于淤泥后，很快就会长出嫩叶和支柱根。它已经毫不惧怕苦咸的海水，因为它已在"母亲"身上习惯了这种盐水。

除了盐水不利于红茄冬的种子成熟与萌发外，风大浪急也使幼小的根不容易扎牢。"胎生"方式能使红茄冬的后代积蓄起足够的力量后，再去与险恶的海浪作斗争，这真是善于保护自己、巧妙对敌的高招啊！

托起村庄的银杏树

太湖附近的一个村子里有一棵古老的大银杏树，树龄已有800多年了。它那苍劲虬曲的树根盘根错节，时隐时现，伸展到几十米外的房屋中和沟壑间。村民在树荫下铺的砖石常常被崛起的树根顶起来，而墙根、石板或泥地上也常能见到树根的踪影。有一条树根竟伸进了一家农民的灶屋里，从地面上隆起，成了几代人烧火时坐的凳子。村民们挖井开沟或破土造屋，每次都能挖到古银杏的根。这棵大银杏树的根到底能伸展多远，谁也说不清楚，反正整个村子差不多就坐落在它的根系上。

无独有偶。在美国，人们发现一棵15米高的树，竟然把树根伸进了将近50米深的矿井里；在南部各州中，如果在污水排放场周围几十米处长有榕树的话，那可要格外当心，它的树根多次"侵入"污水排放场，堵住发酵池，实在让人伤脑筋。

植物的根到底能长多长？俗话说："树有多高，根有多深。"其实，这个说法可够保守的。一般农林作物的地下部分要比地上部分高出5~10倍！像小麦、水稻、玉米、谷子等粮食作物和一些随处可见的杂草，个子一般都不高，但它们的根常可伸入到地下一二米处。野地里的蒲公英也不过十几厘米高，但它的根竟能钻到地下1米多的地方。沙漠中的苜蓿，拼命地寻找地下

根系发达的榕树

水,所以,根有12米长。生活在丘陵干旱地区的枣树,主根也能深入地下12米。沙漠中的小灌木骆驼刺,根的深度为15米。非洲的巴恶巴蒲树,根能到达30多米深的地层中。那么根的长度冠军属于谁呢?现在已知的是生长于南非奥里斯达德附近的一株无花果树,估计它的根深120米。要是把它高挂在空中的话,它就敢和40层的大楼一争高低了。

什么样的根向地下生长并扩展的能力强呢?这要看根的种类和植物生长在什么地方了。一般直根比须根要长;地上的茎越高,根越深。乔木多为直根,所以被称为"树"的乔木扎根要比草深得多。枣树生于旱地,骆驼刺在沙漠安家,它们的根肩负的吸水任务实在是性命攸关,因而长得特别长;水生的浮萍与荷、沼泽地里的芦苇,都不发愁水的来源,它们有恃无恐,根都长得又短又浅。

根长得深,扩展得广,吸收水分和无机盐才充分。无论主根、侧根或不定根,根尖都生长着数不清的细小根毛。这些只有用显微镜才能看清的根毛,正是植物的根吸收水和盐的主要部位。水分子和无机盐离子从根毛的表面进入细胞、进入导管,被输送到所有需要它们的地方。把全体根毛的表面积加起来,这个数越大,越有利于根的吸收作用。要是没有根毛,植物可根本"喝"不够水、

浮萍几乎没有根

"吃"不饱饭。就好比一座大饭厅里聚集着千万个又饿又渴的人（如同细胞），如果只有很少几个卖饭窗口（如同根毛），很多人必然饥渴难忍，不知要排多长时间的队才轮到自己。而如果饭厅的几面墙上全开着卖饭窗口，大家就能很快买到饭吃。

一株植物的根不计其数，每条根上的根毛数不胜数。一株小麦长长短短、大大小小的根共约有7万条，总长500~20000米。一株西伯利亚黑麦的根多达1400万条，共有根毛约150亿条，根系与土壤接触的总面积约为400平方米，是黑麦在地面上的茎叶总面积的130倍。可想而知，那无比高大的"世界爷"巨杉，它的根的长度、根毛以及根的总表面积，恐怕是一组惊人的天文数字了。

根，向地下深钻，向左右扩展，尽心尽力地完成自己的"本职工作"，使植物枝繁叶茂，花果飘香；同时，它牢牢地"抓"住土壤，让植物骄傲地挺立在大地上，狂风吹不走，大雨吹不倒。难怪太湖边上有这样一棵古老而神奇的大银杏树，它的发达根系稳稳地托起了整整一个村庄。

喜欢矿物的植物

在我国新疆与邻国蒙古、俄罗斯、哈萨克的边界周围，延伸着阿尔泰山脉。这里可以见到一种多年生草本植物，它长着狭长的蓝灰色叶子，浅红色的花朵密集绵软如朵朵云霞，它的名字叫帕特兰丝石竹，又称"霞草"。有时候，它们连成很大的一片，形成一个宽阔的长达几十千米的草丛带。人们发现，这种草丛带下面往往蕴藏着铜矿。根据这个经验，地质工作者在开始找矿之前，往往先绘制出丝石竹分布图，然后按图确定铜矿的可能位置。

丝石竹的根很粗壮，互相纠缠盘绕着扎向大地深处，穿过土壤，沿着岩石裂纹直达地下水源，含铜的地下水就被吸收到蓝灰色叶子和粉红色花朵里面了。在6—8月，乘飞机来到这里，人们会看到，多石的山坡上百花不争，青草萎蔫，但大自然似乎有意用一条玫瑰色的花绸带装点这草枯石瘦的荒山。

可指示铜矿的丝石竹

这条清晰的花绸带,在空中摄影胶片中,留下了铜矿蕴藏地的位置。

我国北部有一种叫海州香薷的唇形科草本植物,它喜欢生长在酸性土壤的铜矿脉上,也是一种铜矿指示植物,因此,人们干脆叫它"铜草"。赞比亚则有种"铜花",凡"铜花"生长的地方,就可能有优质铜。据说,有家铜矿公司的地质学家,在赞比亚西北省的卡伦瓜看见"铜花"后,发现了一座富铜矿。与赞比亚同为世界产铜大国的智利,也曾根据植物进行追踪,并发现了有开采价值的铜矿。

植物为什么能指示矿物的存在呢?原来,植物生长之处的地下岩层对它至关重要。地下水能溶解一部分金属,含金属的水向上渗入土壤,再被植物吸收到体内。因此,生长在铜矿上的植物能吸收含铜的水,镍矿上的草木吸收含镍的水。无论地下埋藏着什么物质,铍、钽、锂、铌、钍、钼等元素都会被水溶解一部分并带到地表上来。植物吸水后,每一段茎、每一片叶子便都累积着微量的元素。即使水深到 20~30 米,植物组织仍会积蓄一部分这样的金属,所以它们依然灵敏地反映出金属物的存在。大部分金属元素在各种植物里有微量积蓄,植物需要它们,没有它们反而会"饥饿"生病。但是过犹不及,如果金属含量过高,对植物就会产生毒害作用。所以,在金属矿区,大部分植物都不见了,剩下来的只是那些经得起某种金属在自己体内大量积蓄的草木。于是,这些地区就只生长着这一类植物,它们便成为这种金属矿的天然标志了。

铀是核工业必不可少的原料。为了制造核武器、建造核电站,许多国家都要绞尽脑汁购买或寻找这种放射性元素。在寻找铀矿的过程中,植物也能帮上忙。若是把树枝烧成灰烬进行分析,铀的含量超过正常标准,这就意味着在那种植物生长的地方有找到铀矿的希望。水越橘能比较准确地指示铀的存在。一旦喝了含铀的地下水，它的椭圆形果实就会变成各种各样奇怪的形状，有时还能从藏青色变为白色或淡绿色。生长在铀矿上的柳兰花会显示出从白色到浅紫色的全部色阶，在阿拉斯加的铀矿附近曾收集到8种不同颜色的柳兰花，而它本来应为粉红色。

沙漠里的金矿所在地几乎没有任何植物，然而蒿子和兔唇草却生活得很自在，它们的体内积累了大量的金元素。因此，把它们叫做"金草"该是名正言顺的。蕨类植物问荆也能吸收土壤中的黄金，鸡脚蘑、凤眼兰生长旺盛的地方，地下也往往藏有黄金。我国湘西会同县漠滨金矿的含金石英脉旁，发现了大量的野薤子，它们长得很茂盛，同样指示着地下的"金库"。

"喜欢"黄金的凤眼兰

蕨类植物

蕨类植物，旧称羊齿植物，植物中主要的一类，是高等植物中比较低级的一门，也是最原始的维管植物，出现于志留纪晚期，在古生代泥盆纪、石炭纪繁盛，多为高大乔木。大都为草本，少数为木本。蕨类植物孢子体发达，有根、茎、叶之分，不具花，以孢子繁殖，世代交替明显。通常可分为水韭、松叶蕨、石松、木贼和真蕨五纲。多数蕨类植物可供食用、药用或工业用。

神奇的药用植物

我国云南的一位哈尼族医生有过这样一段亲身经历:一天,他正坐在路边的一棵大树下休息,突然一条20多厘米长的大蜈蚣摆动着两排长足向他爬过来。他立即拔出刀砍下去,把蜈蚣一劈两段。可蜈蚣并没有死,它的两段身体一直在不停地挣扎和蠕动。过了一会儿,另外一条雄蜈蚣爬了过来,看到自己的同类在痛苦挣扎,它仿佛十分焦急,绕着两段身体转了转,就匆匆忙忙地离开了。不久,雄蜈蚣又爬了回来,而且嘴里噙着一片嫩绿的叶子。

哈尼族医生仔细地观察,发现雄蜈蚣把被斩断的蜈蚣的两截身体连在一起,然后把绿叶放在连接处,自己在一边静静地守候。过了一阵儿,奇迹出现了:那条被砍成两段的蜈蚣竟然恢复了一个完整的身体!它轻轻地蠕动了几下,然后爬进了草丛。大为惊奇的哈尼族医生拿起这片绿叶,照着它采回了许多同样的叶子。他做了个实验:把鸡的腿骨打断,然后敷上捣碎的叶子再包扎好。过了3天,解开一看,鸡腿骨已连接起来了。从此,他又多了一种止痛、止血、消炎、接骨的草药配方。这种配方疗效神奇,药到伤愈,他也被人们称为"接骨神医"。这种神奇的草就是"接骨草",是忍冬科的一种植物,在我国南方的森林里生长。

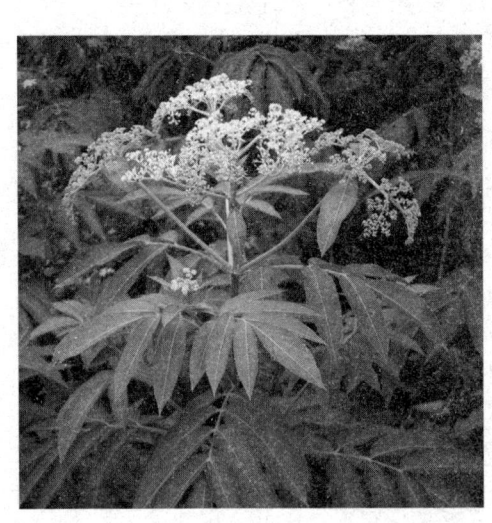

接骨草

说起来,植物真是一座医药的宝库,它们不但在现代医学发展起来以前就发挥着治病救人的作用,即使在今天,许多特效药中的有效成分还是从植物中提取出来的呢!谁不知道长得像个娃娃的人参呀！它可是能使人身体强壮起来的大补药。供人们食用的部分，就是这种五加科多年生植物的宿根。犯了咳嗽，医生经常给病人一包甘草片，其药用成分主要是从豆科植物甘草的根里获得的。

现在，人们利用先进的技术手段，从粗榧、三尖杉、美登木等植物中提取出抗癌的有效成分，让植物在攻克尖端医学课题方面也发挥出了作用。我国从古至今的民间大夫、中草药学家对植物的药用功能研究得最多，贡献也最大。他们发现，几乎所有的植物都有一定的药效，只要科学合理地利用，植物就能服务于人类。

当然啦，在外国也有数不清的药用植物。恶性疟疾的克星——奎宁，就存在于一种叫做金鸡纳的植物的树皮中。金鸡纳树原产于美洲，生活在那里的印第安人很早就知道了它的药用价值，并开始种植。但他们从不外传用金鸡纳树制药的秘方。

据说在17世纪，西班牙的一位伯爵的夫人，由于不适应秘鲁的气候及饮食，不幸染上了疟疾，几天后就奄奄一息了。伯爵急得向印第安人求救，但印第安人没有理睬他。伯爵无意中发现了印第安人嘴里总嚼着一样东西，他暗中打听，才知道那东西是金鸡纳树皮，与防治恶性疟疾有关。伯爵闻知心喜，

金鸡纳

到金鸡纳树林中剥回一块树皮，煎汤给妻子服下，结果，病完全好了。

消息传到欧洲大陆引起了轰动，人们想方设法也要弄到金鸡纳树。一个名叫加斯卡尔的德国植物学家受雇于荷兰人，化名缪勒来到秘鲁。他以帮助印第安人建立金鸡纳林场为名，大量收购金鸡纳种子，并用重金收买了海关人员，在一个黑夜里盗走500棵树苗，运到荷兰船上。但是，在海上的多日航行，使树苗大部分死亡，剩下的3株"幸存者"在爪哇岛上却奇迹般地生长繁殖起来。几十年后，爪哇岛上的金鸡纳树长成了树林，树皮的产量竟占

到全世界的90%。连我国1912年和1931年先后在台湾、云南引种的金鸡纳树都是它们的子孙呢。

这种有着传奇经历的金鸡纳树是茜草科的热带树种。它的树皮中有好几种药用成分,不仅能治疟疾,还可镇痛、解热,并用于局部麻醉。所以,用它制成的金鸡纳霜用途可多啦。

不怕盐"毒害"的植物

食盐是人的必需品,我们每天吃的粮食、蔬菜和肉类本身就含有一部分盐,可我们做饭时还得往菜肴里撒上些盐。万一运动过量或因天热出汗太多,就必须喝淡盐水来补充过多排出的盐分。我国人民吃的盐有四川自流井的井盐、青海咸水湖的池盐、沿海地区的海盐,还有岩盐等等。奇特的是,有些植物也能产盐。

在我国黑龙江省与吉林省交界处,有一种六七米高的树,每到夏季,树干就像热得出了汗。"汗水"蒸发后,留下的就是一层白似雪花的盐。人们发现了这个秘密后,就用小刀把盐轻轻地刮下来,回家炒菜用。据说,它的质量可以跟精制食盐一比高低。于是,人们给了它一个恰如其分的称号——"木盐树"。

树如何能产盐?说来话就长了。一般植物喜欢生长在含盐少的土壤里。可有些地方的地下水含盐量高,而且部分盐分残留在土壤表层里,每到春旱时节,地里出现一层白花花的碱霜,这就是土壤中的盐结晶出来了。人们把以钠盐为主要成分的土地叫做盐碱地,山东北部和河北东部的平原地区有不少这样的盐碱地。还有滨海地区,因用海水浇地或海水倒灌等原因,也有大片盐碱地。植物要能在这样的土壤里生存,的确得有些与众不同之处。否则,根部吸收水分就会发生困难,同时,盐分在体内积存多了也会影响细胞活性,会使植物被"毒"死。

木盐树就是利用"出汗"方式把体内多余盐分排出去的。它的茎叶表面密布着专门排放盐水的盐腺，盐水蒸腾后留下的盐结晶，只有等风吹雨打来去掉了。瓣鳞花生活在我国甘肃和新疆一带的盐碱地上，它也会把从土壤中吸收到的过量的盐通过分泌盐水的方式排出体外。科学家为研究它的泌盐功能，做了一个小实验，把两株瓣鳞花分别栽在含盐和不含盐的土壤中。结果，无盐土壤中生长的瓣鳞花不流盐水，不产盐；含盐土壤中的瓣鳞花分泌出盐水，产盐了。所以，木盐树和瓣鳞花虽然从土壤中吸收了大量盐分，但能及时把它们排出去，以保证自己不受盐害。新疆有一种异叶杨，树皮、树杈和树窟窿里有大量白色苏打——碳酸钠，这也是分泌出的盐分，只是不同于食盐罢了。

我国西北和华北的盐土中，生长着一种叫盐角草的植物。把它的水分除去，烧成灰烬，结果一分析，干重中竟有45%是各种盐分，而普通的植物只有不超过干重15%的盐分。这样的植物把吸收来的盐分集中到细胞中的盐泡里，不让它们散出来，所以，过多的盐并不会伤害到植物自己，

盐角草

并且它们能照样若无其事地吸收到水分。碱蓬也是此类聚盐植物。

阿根廷西北部贫瘠而干旱的盐碱地上有许多藜科滨藜属的植物，它们能够大量吸收土壤中的盐分。阿根廷人利用这一特点，在盐碱地上种了大片的滨藜，让它们吸收土壤中的盐分，改善土壤结构，增加土壤肥力。据报道，1公顷滨藜每年可吸收1吨盐碱。在此处建牧场真是合算，牛很爱吃滨藜，长肉又快。盐碱地上种草除盐碱，养牛产肉，这真是一举数得。

长冰草不同于木盐树、盐角草和滨藜，它虽然生活在盐分多的环境里，但它坚决地把盐分拒绝在体外，不吸收或很少吸收盐分。它的品性可以说是洁身自好、冰清玉洁。前三类植物表面上近朱则赤，近墨则黑，实际上它们坚持原则，不被"腐蚀"。

全世界种植粮食的土地受盐碱危害的面积正日益扩大,现共有57亿亩成了盐碱地。我国也有4亿亩盐碱土,黄淮海平原是重要的农业区,却有5000万亩盐碱地。利用盐生植物来治理盐碱地,是一个好方法。

耐盐碱的大米草

我国海岸线很长,海滨盐碱地也很多,庄稼不易生长。现在,50万亩海滩种上了耐盐碱、耐水淹的大米草,不但猪、牛、羊、兔特别爱吃,而且能保护堤坝和海滩,促使海中的泥沙淤积,然后围海造田。在种过大米草的海滩上培育的水稻、小麦、油菜和棉花的产量,比不种大米草的海滩高得多。

因此,人们把大米草赞誉为开发海滩的"先锋"。

植物的情感表达

科学家们经过研究发现,植物有类似"喜、怒、哀、乐"的现象。

美国有两名大学生,给生长在两间屋里的西葫芦旁各摆了一台录音机,分别给他们播放激烈的摇滚乐和优雅的古曲音乐。8个星期后,"听"古典音乐的西葫芦的藤蔓朝着录音机方向爬去,其中一株甚至把枝条缠绕在录音机上;而"听"摇滚乐的西葫芦的藤蔓却背向录音机的方向爬去,似乎在竭力躲避嘈杂的声音。你可以通过这个实验明显看出,植物对轻柔的古典音乐有良好的反应。

这大概可以看做是植物的"喜"吧!下面,我们再来看看植物"怒"是怎么回事吧!美国测谎器专家巴克斯特进行了一次有趣的实验:他先将两棵植物并排放在同一间屋内,然后找来6名戴着面罩,服装一样的人,他让其中一人当着一棵植物的面将另一棵植物毁坏。由于"罪犯"被面罩遮挡,所以,无论其他人还是巴克斯特本人,都无法分清谁是"罪犯"。然后,这6人在那株幸存的植物跟前一一走过。当真正的"罪犯"走到跟前时,这棵植物通过连接在它上面的仪器,在记录纸上留下了极为强烈的信号指示,似乎在高喊"他就是凶手!"可以说植物的这种反应,与人类的愤怒有些类似吧。

巴克斯特还做了另外一个实验,他把测谎器的电极接在一棵龙血树的一片叶子上,将另外一片叶子浸入一杯烫咖啡中,仪器记录反映不强烈。接着,他决定用火烧这片叶子。他刚一点燃火苗,记录纸上立刻出现强烈的信号反应,似乎在哭诉:"请你放过这片叶子吧,它已经被烫得很难受了,你怎么忍心再烧它呢?"

日本一些生物学家用仪器与植物"通话"获得成功,当他们向植物"倾诉""爱慕"之情时,植物会通过仪器发出节奏明快、调子和谐的信号,像唱歌一样动听。印度有一个生物学家,让人在花园里每天对凤仙花弹奏25分钟优美的"拉加"乐曲,连续15周不间断。他发现"听"过乐曲的凤仙花的叶子平均比一般花的叶子多长了70%,花的平均高度也增长了20%。现代科学技术的发展,不断给人们提出一些新的课题,比如上面讲到的有关植物的类似"感情"的现象应当如何来解释呢?按我们已有的知识仅仅能将这类现象归结于植物的应激性,但要说明各种现象的机理,恐怕还需要后人不断地探索。

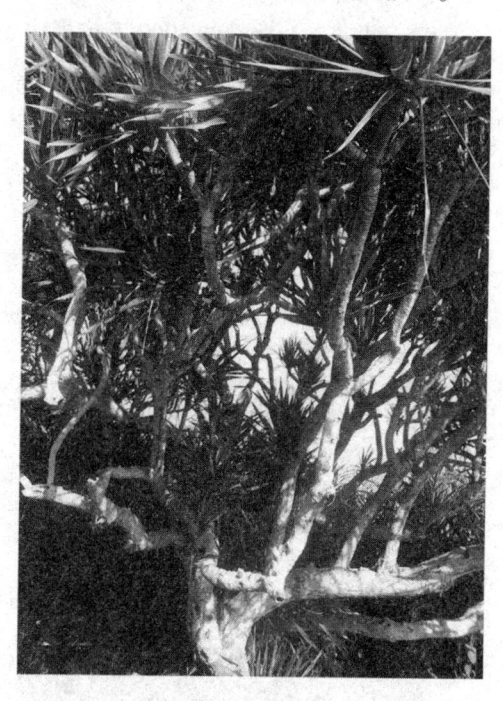

龙血树

大自然趣闻

来自植物的"报复"

植物没有神经系统,也没有意识,如果受到其他外来物的侵扰,怎么能进行"自卫"呢?可是,科学家们却发现了一些耐人寻味的现象。

1981年美国东北部的1000万亩橡树受到午毒蛾的大肆"掠夺",叶子被咬食一空。可是奇怪的是,第二年,橡树又恢复了勃勃生机,长满了浓密的叶子,而午毒蛾也不见了踪影。森林科学家十分惊奇:没有对橡树施用灭虫剂和采取任何补救措施,而作为极难防治的午毒蛾又是如何消失的呢?科学家们采摘了橡树叶进行化学分析发现:叶中的鞣酸成分已明显增多,而这种鞣酸物质如被午毒蛾咬食之后,能与其体内的蛋白质相结合,使得害虫很难进行消化,于是午毒蛾变得行动迟缓,渐渐死去或被鸟类啄吃。这个事件说明橡树看来也有"自卫"能力。

在美国的阿拉斯加原始森林中,野兔曾泛滥成灾,它们过多地食用植物根系,啃吃草木,大大破坏了森林植被。正当人们费尽心思而效果甚微,感到束手无策之时,他们惊喜地发现,许多野兔生病、拉肚而大量死亡。这又是怎么一回事呢?科学家们经过研究发现:森林中曾被野兔咬得不成样子的草木,在长出的新芽、叶子中竟不约而同地产生了一种化学物质———萜烯,使野兔在咬食之后生病、死亡,数量急剧减少,从而保护了森林。这是不是也在证明植物的"自卫"能力呢?

英国植物学家对白桦树进行观察,竟发现,白桦树在被害虫咬食后,树叶中的酚含量会大增,而昆虫是不爱吃这种含酚大而营养低的叶子的。不仅白桦树如此,枫树、

白桦树

柳树也有如此本领。不过在害虫离去之后，树叶中的酚含量又会减少而恢复到原来的水平，这是否又证明了植物的"自卫"能力呢？

美国科学家还发现，柳树、槭树在受到害虫的危害后，还能产生一种挥发性物质"通报敌情"，使其他树木也产生抵抗物质。植物的"自卫"还有"绝招"，那就是产生类似于激素的物质，使害虫在吞吃后能丧失繁殖能力。

由此可以看出，植物似乎确有一种"自卫"能力，看来人类的确要保护植物，没准哪一天惹怒了它们，也要遭受报复的。

形形色色的植物"武装"

形形色色的植物，裹一身绿装，挂丰硕的果实，时时刻刻吸引了大批动物前来"观光"、"品尝"。似乎植物就要束手待毙了，慢着，植物也有自己坚实的"武装"，跟你拼个鱼死网破。请看：南美洲秘鲁南部山区生长着一种形似棕榈的树，在它宽大的叶面上布有尖硬的刺，当飞鸟前来"侵犯"，意欲啄食大叶子时，树的"武装"发挥效力了，密布的尖刺使鸟儿轻者受伤，重者死亡。当地人把这种称树为"捕鸟树"，因为他们常常可在树下捡到自投罗网的飞鸟，而吃上鲜美的鸟肉，岂不美哉？

我国南方有种树，别称"鹊不踏"，它的树干、枝条乃至叶柄都布满皮刺，令鸟兽都退而避之。而一种叫"鸟不宿"的树，则是每片叶上都长有三四个硬刺，同样使鸟儿不敢停留。

非洲生有一种马尔台尼草，它的果实两端像羊角一样尖锐地伸出来，且长有硬刺，人们给它起了个令人恐怖的名字"恶魔角"。它就像其名字一样可怕，成熟后"恶魔角"掉在草的附近。如果鹿儿前来吃草，往往会不慎踏上"恶魔角"，痛不欲生。

欧洲阿尔卑斯山脚下的落叶松幼苗如果被动物啃食，便会很快生长出一丛尖刺，一直到幼苗长到动物吃不着的高度，才生出普通的枝条，就这样落叶松"武装"保卫了自己。

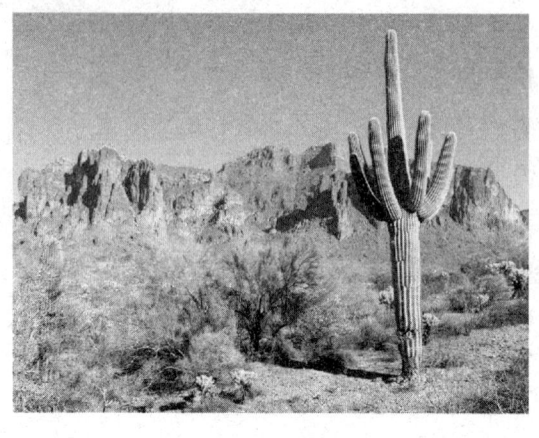

仙人掌

仙人掌也是凭着一身尖刺保卫了自己。要不,沙漠里的动物早把它富含水分的茎吃光了。

还有一些植物更为"阴险",它们没长尖刺,靠着可怕的毒素"武装"了自己,这类植物可真不少。像荨麻有蜇人毒人的刺毛。巴豆的毒素可使吃下它的人腹泻、呕吐,甚至休克、死亡。桃、苦杏、枇杷和银杏的种子含毒,夹竹桃的叶子有毒,皂荚的果实也有毒。

植物正是靠着自己的"武装"保卫了自己绿色的生命。看来,柔弱的植物也不可轻易欺侮啊。

"自杀树"杀人于无形

一种生长在印度西南部地区的植物,其果实带有剧毒,这种果实经常被用作自杀工具,因此,这种树又名"自杀树"。同时,该果实的剧毒也可作为一种谋杀利器,由于西方医学界对该植物了解甚少,它可以杀人于无形,很难辨别死者死因。

这种植物名叫海檬树,树上所结带有剧毒的果实名叫海檬果。目前,只在印度西南部喀拉拉邦地区生长。据统计,在1989—1999年间,死于海檬果中毒案件共有537例,每年死亡人数最少有11人,最多时曾达到103人。

法国分析毒物学研究室负责人伊凡·盖亚尔德说:"在喀拉拉邦地区,50%的植物中毒事件均由海檬果造成的,10%的中毒事件与海檬果难逃干系。据我所知,目前世界没有任何一种植物像海檬果一样与诸多的自杀事件相关联。"

有报道表明利用海檬果自杀的人中75%都是女性，在印度女性时常会婚姻苦恼，因此，海檬果便成为她们解脱失败婚姻的安慰剂。此外，海檬果也被用于谋杀案件，许多犯罪分子利用海檬果独特的毒性，对受害者进行施毒。

海檬树高15米，生长着深绿色叶子和果实，打开果实有乳白色

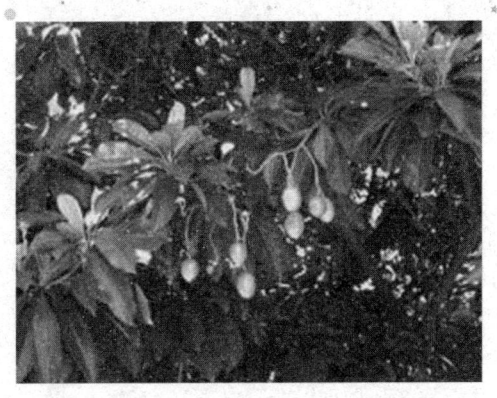

海檬果

液体。开花时期其花朵呈白色花瓣，散发着茉莉香味。海檬果是绿色的，看起来像小芒果，因此许多儿童第一次看到海檬果，便误认为是芒果食用，最终死于非命。

自杀者通常将海檬果白色内核捣碎掺着白糖食用，对那些非法分子将海檬果作为谋杀利器时，取少量海檬果白色内核掺着大量红辣椒，从而消去海檬果原本的苦味。当食用者吃下海檬果之后，3~6小时毒性便会发作，立即暴死。

盖亚尔德带领的研究小组称，海檬果的重要毒性在于一种名为海芒果毒素的物质，它可中止人体心脏跳动，与通常所表现的心脏病发作十分相似。它的毒性只有通过层析色谱和质谱分析才可探测到。此外，由于海檬树只生长在印度地区，西方国家的医生、药剂师、分析师，甚至是验尸官都很少知道其独特的毒性。所以利用海檬果作为谋杀工具，会使调查人员无从下手。

植物之间的生死大战

植物界姹紫嫣红，似乎总是那么和平、宁静。其实，在它们内部，也有着激烈的生死大战。

大自然趣闻

和丁香、水仙都是大敌的铃兰

有人种植了铃兰和丁香，不久花儿盛开了，可是他很快发现，丁香早早地夭折枯萎了，而铃兰却依旧美丽芬芳。他又在铃兰旁放置了一盆水仙花，可是没过几天，铃兰和水仙也都萎缩，慢慢地死去了。

难道它们中有着深仇大恨不成？其实，这就是植物之间的竞争。

在农田里，如果高大的玉米和高粱遇上又矮又丑的苦苣菜，也只有甘拜下风，因为苦苣菜根部分的泌物能抑制它们的生长，弄不好还会把它们慢慢毒死。小小的芥菜也能把高大的蓖麻打得狼狈不堪，不过如果遇上卷心菜，双方的日子就都不好过了。

芹菜是个挑剔的家伙，跟菜豆、甘蓝，它都不愿打交道。番茄、黄瓜、南瓜、茴香这类蔬菜，则是马铃薯的大敌。而豌豆、冬油菜和莴苣则不愿与洋葱、韭菜为伍，否则它们会互相排挤，谁也过不好。

在果园里，同样进行着看不见"硝烟"，但是却激烈异常的生死大战。杨树能控制葡萄的生长；而榆树更为"狠毒"，能杀死自己周围几米内的所有葡萄；甘蓝和胡萝卜也是葡萄的天敌；苹果树和胡桃树也是誓不两立的仇人，胡桃叶的分泌物随雨水进入土壤，让苹果的根吸收到，就会使苹果生长缓慢。

森林里也在进行着明争暗斗。

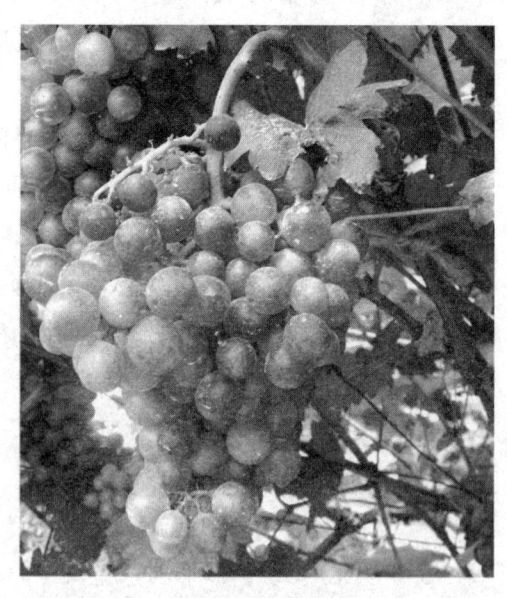

远离榆树的葡萄结得又多又大

接骨木是林中一"霸",能排挤松树和白叶钻天杨,扩大地盘。高大的栎树是个"小心眼儿",和比自己矮的榆树不仅说不上话,还赌气地背过身,其实也难怪,和榆树在一起,栎树就会发育不良了。

植物界的这种争斗,其实也不过是为了争夺水分、养料、空间和阳光,在竞争中,植物纷纷巧妙地利用了化学物质。为了生存,植物界的斗争也是很"残忍"的,可人类效仿植物研制化学武器,又是为了什么?这是否违背了植物的初衷呢?

看似平静的植物界,真的不平静!

动物的奇闻趣事

　　动物是自然界非常重要的组成部分，也是地球上重要的生态环境一份子。动物种类繁多，可粗分为无脊椎动物和脊椎动物。同植物一样，动物也同样经历了亿万年的演化变迁，才形成了今天繁茂的类群。

　　动物是生命形式最"活跃"的类群，相对植物而言，动物才是最有活力的自然界主体。为了适应环境，或者为了更好地进化，许多动物具备了"特异功能"：可以放电的电鳗；可以离开水去陆地捕食的弹涂鱼；有"神枪手"之称的射水鱼；能够挥舞长剑砍杀食物的剑鱼，还有可以用500多种不同语汇交流的海豚，可以"穿针引线"建造住所的缝叶鸟等等，动物界中的奇闻趣事真是不少。

蚂蚁中的"另类"

　　蚂蚁是一种生存能力很强的昆虫，不管是在城市，还是在乡村，我们都能发现它们的身影。下面，我们就来介绍一下千奇百怪的蚂蚁。

　　有一种名叫蓄奴蚁的，专干掠夺别的蚂蚁来做自己奴隶的勾当。它们先派出几个蚂蚁去侦察，当发现别的蚁巢后，就冲进去杀死守卫的兵蚁，然后从腹部分泌出一种信息激素，大队蓄奴蚁便蜂拥而来，专门抢劫蚁蛹，叼上一个就往回跑。当这些被掠来的蛹孵化成蚁后，不认得回去的路，只能给蓄奴蚁当奴隶了。这些可怜的蚂蚁奴隶专门从事搬运食物、建筑仓库、修巢铺路、挖掘地道等工作，还有的则在育儿室里当"保姆"，为主人饲养小蓄奴蚁或孵化劫掠来的普通蚁蛹。这些蚂蚁奴隶从不反抗，忍辱负重地干活，直至死亡。

蚂蚁居然会蓄奴，没有听说过吧！这还不算什么稀奇的，还有敢吃毒蛇的蚂蚁呢！在南美洲的热带丛林里，有一种食肉游蚁，能向毒蛇发起进攻。热带丛林里毒蛇很多，但蚂蚁更多。当食肉游蚁碰到在草丛中睡觉的毒蛇时，它们立即蜂拥而上，把毒蛇团团包围起来，步步紧逼。一接触到蛇的身体，一些游蚁就发起进攻，狠狠地咬住不放。毒蛇被剧烈的疼痛惊醒后，开始自卫反击，向四周猛冲猛撞，企图突出重围。但寡不敌众，黑压压的蚁群把蛇叮得满身都是血，和毒蛇扭成了一团，它们还边咬边吞食蛇肉。几小时，地上就只剩下一条细长的蛇骨架了。

新西兰的邦牙岛上，也有一种能吃蛇的黄色蚂蚁，叫"拉纳摩亚林布埃"，翻译成中文是"食蛇蚁"。它们除了集体行动进攻蛇类外，还能从嘴里吐出一种含有烈性腐蚀酸黏液，蛇体遇到这种黏液，便皮开肉绽，只得任蚁宰割。

这看起来有些恐怖了！不过，蚂蚁家族中也有乐于帮助别人的"好心人"！在美国的科罗拉多州有一种名叫蜜蚁的蚂蚁，特别喜欢有蜜源的植物。一旦遇上就狼吞虎咽，吃得肚皮胀到最大限度为止。这并不是它贪吃，而是在饱餐之后立即赶回蚁巢，碰上没有进食的伙伴，便主动吐出一点蜜来供它们吃，有时竟把胀鼓鼓的一肚子蜜汁全部贡献给大家，致使自己饿瘪了肚子，也毫无怨言。

有一种掠鸟，常常从天空中飞落到大群蚂蚁中，蓬松开羽毛，在地上不断翻转着身体，让蚂蚁咬嚼着身上的脏东西。掠鸟一会儿身体的这一侧躺在蚁群中，一会儿另一侧扑地，舒服得吱吱直叫。这就是鸟类的蚂蚁浴。因为鸟类翼下皮肤上有许多寄生虫，蚂蚁爱吃这些小虫，蚁酸又可以驱赶走这些小虫，所以这些鸟爱用蚂蚁浴来清洗自己的羽毛。

蚂蚁还能保护养育自己的一种树叫"蚁栖树"，这种树的外形像蓖麻，生

吃"饱"的蜜蚁

长在巴西。树干表面有许多小孔，长长的叶柄上长着宽大的树叶，每个叶茎部都长有一个"小蛋"，这是一种叫"益蚁"的重要食粮。"小蛋"被益蚁吃掉后还会再长出来，不断保证供应益蚁的需要。森林里还有一种破坏树木的蚂蚁叫啮叶蚁，专吃树叶，危害很大。每当这种害蚁爬上蚁栖树来啮食树叶时，益蚁便会倾巢而出，把啮叶蚁一个个咬死。因此，蚁栖树总能越长越茂盛，郁郁葱葱发育起大片树林。

昆虫

昆虫是生物中种类及数量最多的一群，属于无脊椎动物中的节肢动物门，是世界上最繁盛的动物。其基本特点是体躯分三段：头、胸、腹，有两对翅膀和三对足；头上有1对触角。昆虫的构造有异于脊椎动物，它们的身体没有内骨骼的支持，外裹一层由几丁质构成的壳。这层壳会分节以利于运动。昆虫分布极其广泛，几乎遍及地球。昆虫在生态圈中扮演着十分重要的角色。

奇异的蜘蛛捕食方式

和蚂蚁一样，蜘蛛也具有很强的生存能力。不过由于这些"家伙"常常躲在角落里，你可能对它并不了解。下面来介绍几种奇异的蜘蛛。

有一种蜘蛛叫捕鱼蛛。它分布很广，除了南美洲，几乎各洲都有它的足迹。捕鱼蛛生活在水面，虽不会游泳，但有时却能钻入水底。为了避敌和捕捉猎物，它经常从一个立足点移到另一个立足点。人们常在池边、河边发现捕鱼蛛后腿抓住树叶杆，其余腿和触肢轻轻拍打水面，耐心地等待猎物。

捕鱼蛛虽不结网，但水面就是它的蛛网。如有昆虫落在水面，也难逃出它的手掌。最有趣的是它的捕鱼技巧，先用触胶在水面上轻拍，以引诱周围的鱼类。一旦有鱼上"钩"，它就跳上鱼背，抓到鱼后，先用两只含有毒液的螯扑刺入鱼体，随后把鱼拖到水面，拉到干燥的地方（因为泡在水中，毒液会被水冲淡，失去效果），紧接着就把鱼悬挂在树枝上，最后享受其肉。

捕鱼蛛也常在水下跟踪鱼类。有时钻到水中的树枝上，埋伏偷袭猎物。这种蛛虽名曰捕鱼蛛，但并不是天天捕鱼，有的甚至一生中从未捕过鱼，仅靠食虫为生。

在美洲亚马孙河流域的一些森林或沼泽地带，成群地生活着一种毛蜘蛛。这种蜘蛛喜欢生活在日轮花附近。原来这种花又香又美丽，很能将一些不明真相的人招引到它的身边。不论人接触到它的花还是叶，它很快就将枝叶卷过来将人缠住，这时它向毛蜘蛛发出信号，成群的毛蜘蛛就过来吃人了，吃剩的骨头或肉，腐烂后就成了日轮花的肥料。

水蜘蛛则长时间逗留在水下，用肺叶呼吸，在水面行走如若平地。其独特之处是全身披有厚毛，它可以带着空气泡沉到水里，然后像打气一样，将空气挤入水下的巢穴里。如此往返多次，使巢里充满干的空气而鼓起来，母水蛛就在巢里产卵过冬。

澳大利亚境内，有一种世界上最大的蜘蛛。它相貌丑陋，但具有猎人般的本领，是捕捉蚊虫的好手，被当地人称做"猎人蛛"。澳大利亚的蚊子猖獗，夜间人们睡不好觉，于是请彻夜不眠的猎人蛛守夜，简直是最好的卫士。猎人蛛有八条腿，靠脚上的探测器能确无误地活捉所有的敢于来犯的蚊子。为了适应环

猎人蛛

境，它精心地织出五彩缤纷的卵袋，用颜色和这种方式保护卵子，繁殖后代。

各具神奇本领的蛇类

自然界有各种各样的蛇，有些蛇非常有趣。斯里兰卡有一种蛇，尾巴像盾牌，人们称它为"盾尾蛇"。这种蛇头尖，尾大而扁平，酷似一面盾牌，上面有鳞甲一样锐利的棘状突起，遇到袭击就翘起尾巴来还击，似针刺般厉害。

巴西草原有一种无毒蛇，长约三四尺，浑身呈绿色，头为椭圆形。它的舌尖上，长有果子形的圆舌粒，跟樱桃的形状很相似。当它伸出舌头时，不少小鸟误认为是果子，因啄食而丧生。

在非洲几内亚湾的一个小岛上，生长着一种全身赤红似火的蛇。这种蛇，身上含有大量脂肪，舌头的含油量更高。当地居民把它捉住，去掉内脏，串上纱芯，缚在铁棒上点燃，比煤油灯还亮。一条"蜡烛蛇"可燃点三四个晚上。

西班牙的马德里，有一种蛇像人练功一样，能承受很大压力。它横卧在山路中央，疾驰而来的汽车从它身上轧过去后，它摇摇脑袋又爬走了。汽车为何轧不死它？原来这种蛇腹部生有个"吸气囊"，能使吸进的气通遍全身。

马尔加什的岛上有种神奇的蛇，它经过的地方会留下一条银白色的带子。这种白色带子对它们很有用处，它们离窝远了常迷路，于是撒下粉末，回去对照旧痕迹找到"家"。这种粉末是它体外脱出的皮干燥后变成的。

马达加斯加岛上，有种颜色时常变化的蛇，当地人叫它拉塔那。这种蛇游到青草丛中全身立即变成青绿色；伸缩在岩石下或盘缠在枯木上，则马上变成褐黑色；把它放在红色土壤上，全身又很快红得像胭脂一样，它真有瞬息万变的本领。这种蛇头小身肥，样子很丑，却很有益，喜欢捕食各种害虫和老鼠。

生活在南亚、东南亚地区和我国福建、广东、云南等地的金花蛇，攀援能力特别强，能沿着陡岩峭壁笔直地向上爬行；常常将细长的尾巴缠绕在树枝上，以惊人的速度将身体一转，凌空滑翔，飞往另一根树枝或降落地面，故名为飞蛇。它是一种无毒蛇。

1981年，巴西一个渔民在亚马孙河口捕获一条2米长的电蛇，经生物学家测量，发现这条蛇身上具有650伏特的电压，要是有人在水中碰到它，会被其身上的电轰击。科学家指出，很多生物体内都有电，这种电称为"生物电"。

中南美洲有一种无毒蛇，巴西人称之为苏库里蛇，有好几米长，如小水桶粗，深绿色，背部和腹部两侧各有一条点状的黑色虚线，头顶有一块钢盔似的角质板，用来保护头部。它具有很强的进攻能力。猎羊不在话下，像牛这样的庞然大物它也照吃不误。它捕食的方法巧妙极了：先躲在岸边的丛林里，乘牛走来之际，突然蹿出缠住。可牛也不好对付，它就设法把牛拖下水。蛇和牛在水中搏斗，蛇就明显占了优势，因为它有两个能够关闭的鼻孔。它将牛越缠越紧，使其失去控制能力，不久就淹死了，然后它把牛拖上岸来，把牛骨揉碎，使牛成为一根特别的"香肠"，又在"香肠"上涂上一层又黏又滑的液体，而后从牛尾部开始狂嚼大咽起来，最后只剩下一个牛头。

当它一下子吃进这根几百斤重的大"香肠"之后，蛇身胀得又粗又大。蛇皮也变得像一张半透明的玻璃纸，就连蛇肚子中的牛骨牛毛都隐约可见。它胀得不能动弹，只好就地休息。远远看去，这盘着休息的苏库里蛇活像一个牛头蛇身的可怕怪物。

苏库里蛇吞下一头小牛

据说它饱餐一顿之后，一睡就是好几个月，昏睡中的苏库里蛇不仅失去了进攻的能力，也失去了一切自卫能力，成为人们捕捉的大好时期。它的皮是一种珍贵的皮革，可以加工成袋子、鞋子，蛇肉可供人食用。

有放电功能的"电鱼"

到达美洲的第一批西班牙人，虚构了一个故事：说在南美大陆的丛林中，有一片极为富饶的地区，那里的树木上都挂满了纯金。为了寻找这个天然宝库，由西班牙人迪希卡率领的一支探险队，沿亚马孙河逆流而上，来到了一大片沼泽地的边缘。时值旱季，沼泽几乎干涸了，只有远处的几个小水塘在中午的阳光下闪烁着。

探险队来到了小水塘边。这时，探险队雇佣的印第安人大惊失色，眼中充满恐惧的神情，拒绝从很浅的池水里走过去。迪希卡命令一位西班牙士兵，做个样子给印第安人看看。于是，这位士兵满不在乎地向水中走去。可是，才走了几步远，他就像被谁重重地打了一下似的，大叫一声倒在地上。他的两个伙伴冲上前去救他，也同样被看不见的敌人打倒在地，躺在泥水之中。

几个小时以后，见水中毫无动静，士兵们才小心翼翼地走到水里，把3个伤兵救了出来，可是，这时他们3人的脚都已麻痹了。

电 鳗

后来，人们才知道，这个不明真相的怪物就是淡水电鳗。南美的电鳗是一种大型的鱼，它的模样像蛇，体长2米多，重达20多千克。平时，电鳗一动不动地躺在水底，有时也会浮出水面。电鳗会发电，能使小虾、鱼儿和蛙等触电而死，然后饱餐一顿。当它遭到袭击的时候，也会立即放出电来，一举击退敌害的进攻。电鳗不仅利用放电来寻找食物和对付敌害，还将它用于水中通信导航。有人发现，当雄电鳗接近雌电鳗时，电流的强度会发生变化，这是它们在打招呼呢！

其实,放电的本领并不是只有电鳗才有。如今人们已发现,在世界各地的海洋和淡水中,能放电的鱼有 500 多种,像电鲟、电鳐、电鲼、电鲶等。人们将这些鱼统称为"电鱼"。

有一种非洲电鲶,能产生 350 伏的电压,可以击死小鱼,将人畜击昏;南美洲电鳗可称得上"电击冠军"了,它能产生高达 880 伏的电压;北大西洋巨鳐一次放电,竟然能把 30 个 100 瓦的灯泡点亮。

为什么电鱼能放出这么大的电流呢?科学家经过一番仔细地解剖研究和实验,终于发现在电鱼体内有一种奇特的电器官。各种电鱼电器官的位置和形状都不一样。电鳗的电器官分布在尾部脊椎两侧的肌肉中,呈长棱形;电鳐的电器官像两个扁平的肾脏,排列在身体两侧,里面是由六角柱体细胞组成蜂窝状结构,这六角柱体就叫电板。电鳐的两个电器官中,共有 200 万块电板。电鲶电器官中的电板就更多了,约有 500 万块。在神经系统的控制下,电器官便放出电来。单个电板产生的电压很微弱,但由于电板很多,所以产生的电压就很可观了。

有趣的是,世界上最早、最简单的电池——伏打电池,就是 19 世纪初意大利物理学家伏打,根据电鳐和电鳗的电器官设计出来的。最初,伏打把一个铜片和一个锌片插在盐水中,制成了直流电池,但是这种电池产生的电流非常微弱。后来,他模仿电鱼的电器官,把许多铜片、盐水浸泡过的纸片和锌片交替叠在一起,这才得到了功率比较大的直流电池。

象鼻鱼

研究电鱼,还可以给人们带来很多好处。例如,一旦我们能成功地模仿电鱼的电器官在海水中发出电来,那么船舶和潜水艇的动力问题便能得到很好地解决。

一些科学家打算模仿电鱼的发电机理，创造新的通信仪器。在这方面，电鳗和象鼻鱼可以提供宝贵的启示。象鼻鱼是生活在非洲中部河湖中的一种电鱼。它的鼻子特别长，有点像大象鼻子，所以人们就叫它象鼻鱼。这种鱼的电器官在尾部，它的背上有一个能接收电波的东西，好像雷达的天线一样。

当敌害迫近到一定距离时，反射回来的电磁波被背部的电波接收器收到后，就会发现敌情警报。这时，象鼻鱼便急忙溜走。

小鱼吃大鱼

历来都是大鱼吃小鱼，可是自然界偏偏还有小鱼吃大鱼的，而且是专吃凶猛的鲨鱼一类的大鱼。鲨鱼最大的有20多米长，一口能吞食几十至几百条小鱼。但是它却有个克星，就是小小的硬颚毒鱼。这种鱼身体短粗，背扁腹圆，外皮松弛，除了口缘和尾部之外，满身长有尖锐的棘刺。它吸足空气之后，身体便能鼓成一个圆球，原来倒伏的棘刺立即笔直地竖立进来，变成一根根锋利的尖刺。当大鲨鱼大口吞食鱼群时，硬颚毒鱼便像孙悟空钻进铁扇公主肚子里一般，混进了鲨鱼的大肚皮里，之后它便运足了力气，全身鼓圆，把满身棘刺向鲨鱼胃四周乱撞乱扎。大鲨鱼痛得在海里打滚翻腾也毫无办法。不多一会儿，鲨鱼的胃就被刺穿了，接着两肋的肉也被硬颚鱼啃得血肉模糊。当硬颚毒鱼钻出来时，鲨鱼也就一命呜呼了。

在希腊的可那伊河里有一种旋子鱼，它在水里像旋子那样呈"S"形螺旋式前进。它有一个尖硬的嘴，小鱼碰上它，会被旋得稀烂，马上成了它的美餐。大鱼遇上它，目标更大，也会被它硬嘴巴旋得千疮百孔，悲惨死去。如果大鱼吞下了它，那更是大祸临头了。旋子鱼就在鱼肚里到处乱钻乱旋，把大鱼的内脏吃去许多而使大鱼死去。但旋子鱼也不是无敌的，它最怕河蚌，如果它的硬尖嘴被河蚌壳夹住，即使它拼命旋转嘴巴，也无法脱身，最终成了河蚌的食物。

在我国青岛附近海里也有一种专吃大鱼的小鱼叫盲鳗。由于它长期在大鱼肚里生活，所以双眼已经退化失明。它的样子像鳗鱼，前面是圆棍状，后面是扁圆的尾巴，灰黑的颜色，肚子下方是灰白色，长约 20～25 厘米，嘴上有个小吸盘，口盖上长着锐利的像锉刀似的牙齿，舌头也强而有力，伸缩灵活。它先吸附到大鱼身上，然后从大鱼的鳃部钻进腹内，吞吃大鱼的内脏和肌肉，一边吃一边排泄，直到把大鱼吃光为止。它每小时吞吃的东西，竟相当于自身体重的两倍半。

还有一种小小的猛鲑鱼竟能吃掉凶猛的大鳄鱼。这是生长在南美洲的一种鱼，身长不过 30 多厘米。鳄鱼可以吞下一头小猪，可是遇到这种猛鲑也只好甘拜下风了。原来猛鲑的颚骨力量奇大，一口可以咬断钢制鱼钩，人称"锯齿鱼"。它们常常合群出游觅食，如果碰上一条大鳄鱼，它们便会一拥而上用利齿咬住鳄鱼不放，鳄鱼皮再坚固也没用，顷刻之间，几百条猛鲑就可以把巨鳄吃个精光，连骨头也不剩。所以，凡是有猛鲑鱼的地方，河流里很难有别的鱼类可以生存。

头钻进大鱼体内的盲鳗

大自然趣闻

在热水里游弋的鱼

照一般的常识，鱼只有在凉水中才能生存，如果将一条鱼放到50℃以上的水中，它仍能自由自在地游水，你一定觉得奇怪。然而，自然界常常会给我们一些意外。

1936年夏天，法国有位叫雷普的旅行家，不幸在海上触礁，被海浪卷到千岛群岛的一个多山的火山岛。当时，他饥饿难当，正想找寻些食物时，忽然发现小河里躺着几条腹部朝天的死鱼，于是他把鱼捞了上来，拿出身边仅存的炊具来煮鱼汤。烧了一会儿，雷普就迫不及待地揭开锅盖来看，岂料这一看吓了他一跳，原来的死鱼都变成了活鱼，正在悠然地游着。这是怎么回事呢？这位旅行家简直大惑不解了！

后来，经过人们调查研究，才知道，这岛原是一个巨大的古火山口。这些怪鱼是被火山岩烫热的一个小湖沼里的"居民"。当年，它们的祖先就是这次火山爆发的幸存者。据测定，这湖里的水温高达63℃，一般的鱼是无法在这样的环境里生存的。这种热水鱼却能很好地生活。更让人惊奇的是：由于它们已经适应了热水，一旦落到凉水里，就会立即被冻死。

在自然环境里，热水鱼是非常罕见的，除了上面说到的地方，在贝加尔湖附近的温泉、加利福尼亚的某条河里，也偶尔可以见到，那里的水温一般在45℃~55℃。看来，生物所能适应的温度范围比我们所想象的要大得多。

普通生物也能够接受锻炼，来扩大它们能适应的生存范围。一个环境的改变，是对

热水鱼就生活在千岛群岛的水域中

一种生物韧性的考验。物种的延续，总要经过几代的适应演变。不过，关于生物提高对高温的耐受力的机制，科学家还研究得很少。如果哪位同学感兴趣，你可以从现在起，多学一些这方面的知识，将来或许会填补一项空白呢。

离开了水的鱼儿

人所共知，鱼儿离不开水。鱼是用鳃呼吸的水生动物。它没有四肢也没有肺，离水以后时间稍长，即会窒息死亡。可是也有的鱼离开了水不但能活，而且还能爬能跳，它就是弹涂鱼。

这种鱼一般生活在热带的海岸和我国南方沿海一带。每当退潮时，便可以看到它们在潮湿的沙滩上蹦蹦跳跳，有时爬到红树根上。别看弹涂鱼没有脚，它却能爬又能跳，这主要是由于它的胸鳍生得十分粗壮，如同陆地上动物的前肢，活动自如。它的腹鳍又合并成一个吸盘，当它爬到潮湿的泥沙地上以后，可以靠着吸盘吸附在其他物体上。弹涂鱼在陆地上的行走动作很有趣：它用腹鳍先把身体支撑住，然后再用胸鳍交替着向前移动。乍看起来，都觉得弹涂鱼的行动很慢，如果它碰到敌害，其爬行速度之快是相当惊人的。它还会利用坚韧的胸鳍、锋利的牙齿和宽大的嘴巴掘出一个大土洞，在炎热的夏天它就可以躲进洞里去避暑。弹涂鱼的鳃腔很大，这样能贮存大量的空气，同时这种鱼的皮肤布满了血管，无形中就起到辅助呼吸的作用。当它在陆地上活动时，常常将尾鳍伸进杂草丛生的水洼中，或者紧贴在潮湿的泥地上。这样也可以帮助呼吸。弹涂鱼喜欢吃小型甲壳动物和昆虫，其肉味

爬上岸的弹涂鱼

道鲜美细嫩、营养价值较高。

在我国福建、广东和一些热带、亚热带的湖沼河沟中，有一种小型鱼类，它很喜欢在夜间进行捕食活动，它们总是成群结队离开河水、经过田野到大路上去寻找最爱吃的昆虫，有时它们发现小树丛中有一团团的小昆虫，那么就一蹦一跳地上去，吃得饱饱的再爬回小河里，这种离水能活的鱼叫攀鲈鱼。

攀鲈鱼的行动很奇特，在它的鳃盖后面有很多硬棘，每当行动的时候就靠着鳃盖上的硬棘顶着地面，在胸鳍和尾部的帮助和配合下，就能一点一点地往前爬行。在天气干旱的季节，攀鲈鱼可以在潮湿的淤泥中生活几个月不至饿死，更不会因河水干涸而死亡。这是由于攀鲈鱼也有副呼吸器官，这个副呼吸器官是在它的鳃腔背后，生有类似木耳形状的皱褶，皱褶的表面上布满了许许多多的微血管，这样便可以进行气体交换。

鳗鲡

还有一种长相像蛇的鳗鲡，它除了在水中生活外，还经常爬到潮湿的草地上或雨水流过的地方去寻找食物。它很喜欢吃小昆虫及小蜗牛。每当吃饱以后它们就在岸边草丛中爬来爬去，有时走路人竟被鳗鲡吓了一跳。鳗鲡的身上布满了黏液，无鳞的皮肤上面又布满了微血管，这样就可以利用皮肤和外界进行气体交换，来维持生命。可是也有人认为鳗鲡离开水能活的主要原因是由于这种鱼的鳃孔极小的缘故，这样水分不易蒸发，我们说这种看法是不正确的。

黄鳝是大家所熟知的淡水鱼，它的肉质很鲜嫩。黄鳝一般生活在池塘、稻田等浅水的地方，也有人经常看到黄鳝竖起前半截身体，在东张西望，其实它并没有在找什么东西，而是在呼吸新鲜的空气呢。通过观察，黄鳝的鳃早已退化，这就给它在水中进行呼吸出了大难题，但黄鳝的口腔和咽喉表面却布满了微血管，它可以伸出头来把空气吞进口腔后，慢慢地进行氧气交换，因而它在淤泥中度过几个月也不至饿死。

除此之外，还有肺鱼、泥鳅、乌鳗等也都属于离水能活的鱼。刚才提到这些鱼类，都有一套离水可以继续生存的本领，它们的这些本领在科学上称之为具有副呼吸器官。

甲壳动物

甲壳动物因身体外披有"盔甲"而得名。甲壳动物大多数生活在海洋里，少数栖息在淡水中和陆地上。世界上的甲壳动物的种类很多，约有2.6多万种。甲壳动物的身体由50个体节组成，但是大部分的高等甲壳动物只有19个体节。身体通常由头部、胸部和腹部三个部分组成。

水弹鱼射水捕食

在印度和东南亚一带生长着一种号称"活水枪"和"神枪手"的射水鱼，也叫水弹鱼。身长十五六厘米，银白色，扁扁的身体，外表并不奇特，它的特异功能是射水捕食。当它游动时，两眼始终警惕地注视水面上空，有没有好吃的。当它发现苍蝇、蚊子、蜻蜓等昆虫在水面飞掠过，或停在水边草叶、石块上时，便会轻轻地游到离昆虫1米左右的地方，摆开架势，把头伸出水面，撮尖嘴，竖直身体，把事先准备好的满嘴巴水，对准目标，以极大力气像射箭一样喷射出一股"水弹"，将猎物击中跌落水中，它便游来吞下。

澳大利亚等地的人们很喜欢喂养这种有趣的鱼，当你观赏它时可得小心点，它会不分青红皂白地乱射一通。如果你去喂食料时，它也会把你的手当做目标，喷水射击；你如果俯视鱼缸，那更有危险性了，因为你的眼睛只要眨一下，也会引起它的重视，乘你不备毫不客气地向你"开枪"射击，把"水弹"击中你的眼睛；客人来访，千万不要在鱼缸边抽烟，那一闪一闪的火光，更会吸引它游过来向香烟射击，真像导弹一样可以百发百中把烟头击灭了。

射水鱼为什么能喷发"水弹"，而且命中率又是这么高呢？这除了与它口腔的构造特殊，能把大量储存的水迅速形成一串水珠喷出外，还和它的眼睛视力特殊有关。射水鱼的眼睛大而突出，可以灵活转动，视网膜又特别发达，一般鱼在空气中看东西是模糊不清的，因为没有水作眼球的润滑剂。而射水鱼既能在水中看又能露出水面看。科学家用高速摄影机拍下了射水鱼发射"水弹"动作的照片，发现太阳光进入水中经折射后，射水鱼在瞄准目标时，能对光线折射造成的位置变化，进行复杂地校正；而且使身体变成垂直姿势，使发射的"水弹"直线抛出，这就可以克服光线折射时的偏差，确保射击百发百中，真是个优秀射手哩！

可以建造房屋的鱼

在鱼类中有名的"建筑师"要算是三棘刺鱼了。每当它们将成婚立家时，事先要进行设计、施工、建筑一座既坚固又漂亮的"新房"。房子的地基一般选在水草间或岩石地带的池洼间，要求水的深浅合适，并经常有水流动。

地基选好后，便开始备料，收集一些水草根茎和其他植物屑片。雄鱼从自己的肾脏中分泌出一种黏液，把这些材料黏结在一起，再用嘴巴咬来咬去，直到咬出窝的形状。为了加固，它又用身上的黏液在房子的内外上下四面八方涂抹、摩擦、修饰，使表面整齐、光滑，好似刷了一层清漆一般。建成的房子，中间空心，略带椭圆形，有两个孔道，一个出口一个进口。这才算大功告成，于是雄鱼在四周游来游去，美滋滋地欣赏自己的杰作。这位未来的新郎就开始找未来的"新娘"了，一旦看中，便会做出一套复杂的求爱动作，把雌鱼引到自己精心建造的房旁，征求"新娘"的意见，如果雌鱼满意，便双双进入"洞房"；如果"新娘"羞羞答答故作姿态不肯进房，于是"新郎"便不高兴地竖起背上硬刺逼着"新娘"进去。雌鱼进窝后便产下二三粒卵，然后穿堂而过，雄鱼立即在卵粒上注射精液。

第二天雄鱼又另拉一条雌鱼产卵婚配，直到房子里充满卵粒为止。这种精美的"新房"，就变成很安全、很舒适的育儿室了。

章鱼

另一个会营造房屋的要算是章鱼了。它们生活在海底，身上有很多长长的触手。当章鱼吃饱之后，总要在一个安静的地方美美地睡上一大觉。为了不受打扰，它拖着吃得胀胀的肚子，建造睡窝。它用触手搬运石料，一次能搬四五千克石头，垒起围墙后，再找来一块平整的石片做屋顶，于是小房建好了。它便懒洋洋地钻进去睡大觉了。为了防备敌害，它让两只专司保卫职责的触手伸出室外，不停地摆，好似"站岗放哨"一般。一旦有敌害侵入，章鱼便会醒来，或是应战或是弃屋逃跑。

还有一种会建造像竹筒似的房屋的鱼叫钻洞鱼。它们生活在大西洋西部深海底，身长1米左右，身上有黄斑，尾巴蓝色，色彩美丽。它的特长是钻洞，只要遇上大鱼追赶或渔人捕捉时，它便能迅速而灵敏地钻进洞里。它的洞就是自己造的窝，像蜗牛一样随身带着，不过形状像一根竹筒。它找来植物碎片、小石块等，然后用嘴里分泌的黏液，把它们一片片地粘连成圆筒状，围在身子周围，洞口小，便于躲藏，平时行走时带着房子一起行动。

挥舞"刀剑"的鱼

在印度洋等热带海域中有一种凶猛的大鱼，长3米左右，上颌突出形成

剑　鱼

长而扁平、坚硬的"剑",称为"剑鱼"。它游动迅速,在海里横冲直撞,连鲨鱼也怕它。剑鱼攻击鲸类时,常常飞速地用利剑般的长嘴直刺鲸的要害;它对待小鱼则用剑嘴左劈右砍,然后把刺死或砍伤的吃掉。有一次,英国的一条特里拿脱号船,在从伦敦到锡兰(今斯里兰卡)的航行中,船底竟被剑鱼刺穿了一个洞,使船漏水,由于奋力抢救,才避免了沉船。要知道这条船的船身是包着厚厚的铁皮的,剑鱼居然能刺破它,足见这种鱼攻击力之凶猛了。

生活在淡水里的鳜鱼虽然不会击剑,却会"挥刀"。它周身银灰色带有黑块状花斑,身长60厘米左右,背上有锋利如刀的背鳍。它也善于操起"背刀"捕食别的鱼来充饥。

最有计谋的是它能诱捕水蛇,本领堪称一绝。在春末至秋季的漫长时间里,鳜鱼总是栖息在大石附近游动,常常一动不动地装死侧身浮躺在水面。

当蛇发现这么鲜美的鱼竟送上门来,就立即游近鱼的身边,并把它缠住,当蛇把鳜鱼越缠越紧时,突然鳜鱼用足全身力量张开背上刀一样的背鳍,同时迅速扭动旋转身体。不一会儿,只见蛇的肚腹等处划开一道道很深的口子,蛇痛得潜入水底,鳜鱼紧追不舍,将受了重伤的蛇咬死,然后美餐一顿。

还有一种满身长刺像陆上刺猬似的鱼,叫刺鲀。全身卵圆形,体长仅10厘米左右,遍体生着粗棘,

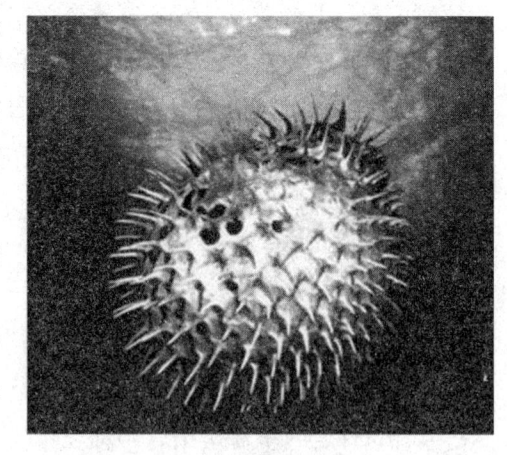

刺　鲀

每根棘又生有两三根棘根，这些都是由鳞片演变成的。它的嘴很小，上下颌的牙齿都连在一起，尾鳍像把扇子。当它遇到威胁时，便急忙升到海面吸足空气，膨胀成一只滚圆的刺球，每个针棘都竖了起来，并滚动着游过去向前来威胁它的大鱼猛扎一通。这一手还真厉害，吓得大鱼逃之夭夭。刺鲀也用这种方法捕食小鱼。

肆无忌惮的食人鱼

在南美亚马孙河有一种食人鲳鱼，这种鱼体表面有黑色小斑点，腹部呈橙黄色，腹鳍也是黄色，非常美丽。可是它的牙齿，像锯齿般锋利，任何肉类都可咬掉吞食。在原产地，无论怎样巨大的动物，如果涉水而过，便会被这种食人鲳群起袭击，一旦被其咬伤，都会因流血过多而失去支持力量，陷入水底被淹死。当尸体还未全部沉入水底之前，就已被食人鲳把皮肉撕成一块块，吃个精光，只剩下骨骼。这种鱼还会在河边以迅速的动作，把汲水者的手指咬掉。

食人鲳鱼

食人鲳是不好惹的家伙。前些年,泰国有人把食人鲳引进国内作为观赏鱼饲养,惊动了曼谷警方。他们多方搜集食人鲳的"犯罪"资料。警方绝不是小题大作,因为泰国气候温和,适合这种鱼生长。如果私人饲养的食人鲳趁河水泛滥之机偷偷溜走,大有可能在当地繁殖成灾,那就会惹祸上身了。

泰国渔业部门一位研究这种鱼的科技人员,他的手指就曾被食人鲳咬伤,因为他把手指伸进养有这种鱼的鱼缸里。据说,美国早就知其厉害,很久之前就禁止它们入境了。

然而,也还是有人把它养在水族箱里,譬如,香港就有人繁殖饲养。经过人工繁殖,这种鱼的凶性也日渐减退。

活跃在南美洲奥里诺科河口的比拉鱼也是杀人鱼。它有巴掌大小,貌不惊人,乍看倒有几分温驯,可是它专门成群结队地袭击人和其他动物。一条海豚,若让比拉鱼发现,顷刻间,几十条甚至上千条比拉鱼包抄过来,冲上去,用锐利的牙齿撕咬起来,几分钟后就把它吃个精光。它吃人也有个妙法,先用牙齿把人咬伤,鲜血会招来一大群食人鱼,层层围住,紧吃不放,直到把人吃得剩副骨架,才心满意足地游向远方。当地印第安人利用比拉鱼嗜食人的习惯,人死后进行"鱼葬"。

欧洲鲶鱼

欧洲有一种食人鱼更是胆大妄为。由于欧洲人不吃鲶鱼,使鲶鱼得以大量繁殖,初时偷鸭吞鹅,后来竟吃玩耍的孩子。有一位渔民奋力杀死一条鲶鱼,发现其腹内有女人的残骸和她的钱袋。

非洲几内亚湾有一种1尺长左右、身体呈流线型的颌针鱼,它能突然从水中蹿起,把10厘米长的骨质尖嘴刺向人的胸膛。巴斯医生作了统计,颌针鱼在一个月内杀死了20多人。

我国南海有一种鲉类鱼,则是一种美丽的"杀人"天使。它体态优美,颜色俏丽,摆动着布满条纹的躯体,张开颜色斑斓的鳍,简直就像一艘披红挂彩的"小船"。但"小船"上长有18根毒刺,如果人被刺一下,轻者疼痛难忍,重者失去知觉,以致丧命。

"缝叶鸟"穿针引线

我们知道,裁缝是一项细巧的工作,不是所有的人都能胜任的。可是,你也许想不到,有一种身长只有3~4寸的小鸟,竟然也会做裁缝,能够穿针引线来缝制它自己的窝。这种鸟叫做缝叶鸟。

如果你有机会到我国的云南、广西南部一些地区,就可以发现缝叶鸟。它的身体和麻雀差不多大,但是比麻雀要漂亮多了。尖尖的嘴、丰满的胸部、长长而翘起的尾巴、纤巧而细长的腿,使人觉得是那样玲珑可爱。

它全身的毛色也很漂亮:头是棕红色,眼圈呈浅黄色,上身是橄榄绿色,下身是浅棕色,当它在花丛中飞来飞去的时候,真是美丽极了。

缝叶鸟

它的性情非常活泼,整天在充满阳光的树林、花丛中飞个不停,跳个不停,叫声清脆悦耳。它大概知道人们喜爱它,所以总喜欢飞近人们的住宅和人接近。它平日吃的是昆虫,不吃粮食,对于人类是有益无害的,可以说是人类的好朋友。

使人觉得有趣和惊奇的地方,要算它做窝的技术了:它们的窝不是做在树枝之上,而是做在树枝之下,换句话说,就是挂在树枝上的。这是怎么回事呢?原来它们的窝是利用大树上几片下垂的叶子做的。每年夏季是做窝的

大自然趣闻

季节，它们选好了树叶子，就以自己的尖嘴作针，寻找一些植物纤维或野蚕丝作线，然后穿针引线，把叶子缝在一起。缝的时候，就用双脚抓住叶子，用嘴穿孔，那样子有趣极了。缝完之后，为防止以后脱线，还懂得在收尾的地方打个结。这样缝好的窝是个口袋形，中间铺上柔软的叶子和羽毛，十分舒适温暖，好像是个"吊床"。

人们对这种奇特的鸟非常感兴趣，有人曾经把它们的窝取下来观察过，发现那窝缝织得非常细密整齐，不愧为动物界的缝纫能手！

会植树的鸟

某些鸟类具备非常奇特的本领，在秘鲁首都附近，就有一种会种树的鸟，令人惊叹不已。秘鲁首都利马的北部，有一片荒芜的土地，那里从未有人去种植过树木。后来，人们发现那里出现了大片大片的树林，而这些树林的种植者，却是一群叫"卡西亚"的鸟儿。

卡西亚长得有些像乌鸦，身上长着黑黑的羽毛，白色的脑袋上长着长长的嘴巴，所不同的是，它的叫声比乌鸦要好听多了。

那么卡西亚是怎样种树的呢？原来，它们非常喜欢吃当地生长的一种甜柳树的叶子。它们在啄食甜柳树之前，总是先把树的嫩枝咬断，衔着枝叶飞到地上，再用嘴在地上挖个洞眼，将嫩枝插进洞里，然后慢慢地啄食着树叶。

甜柳树枝被留在土壤里，很容易生长，要不了几天工夫，就扎根滋长起来了。几个月以后，甜柳枝就长成小树了。

卡西亚总是成群地聚在一起啄食甜树叶，一起插枝，就这样时间长了，很自然地栽植了大片大片的树林。

卡西亚为人们植树造林，受到当地群众的爱护，谁也不随意捕捉它们，还尊称它们为"植树鸟"呢。

还有一种会植树的鸟，叫做樫鸟。它有一套很奇特的贮粮方法。每年越冬前，樫鸟会携带"粮食"，寻找两棵树的中间位置，并以其为基点，每向前走 40 厘米，埋下一堆（二三十颗）橡子，一堆堆地埋藏。有的鸟以一根树干为基准，在离树干 2.8 米处先埋下第一堆橡子，然后再一堆堆地埋藏。这种有规律的贮藏方式，显然是为了今后便于取食。

春天来了，埋在地下的橡子有的已经发芽了。鸟来到这个贮粮所，将它们一个个地刨出来，用嘴衔回巢内。原来，这些发芽的橡子，是樫鸟委托大自然，为自己未来的儿女加工的食粮。因为，橡子的硬壳不易咬开，而发芽了的橡子对小鸟来说，既易消化，又富有营养。那些吃不完的橡子留在地下发芽生长，变成小树。

樫　鸟

樫鸟也是大自然的义务植树者。据说，树林的橡树，有 80% 是鸟和松鼠等小动物义务"种植"的。

啄木鸟用舌"倾听"声音

灰头啄木鸟

啄木鸟的舌是最令人惊异的动物器官之一。它的奇异程度是如此之高，以至于经常被创造论学者引用，来作为进化是有缺陷的说法的一个证据。在很多种类的啄木鸟中，舌伸长后的长度竟然相当于整个身体长度的 2/3，而且上面布满了黏黏的唾液，具有很多锐利的倒钩，在末端还长着一个"耳"。

实际上,啄木鸟的舌的结构与大多数其他鸟类的非常相似,只是比它们的舌更长,这大概是因为它传递了一种进化上的优势,从而可以使它的舌能够伸到树干的深处去捕捉里面的昆虫。它的奥秘在于具有一系列极薄的舌骨,当不用舌的时候,舌的软骨就像手风琴一样折叠在充满流体的鞘里。当啄木鸟伸舌的时候,强有力的肌肉在靠近舌根的部位收缩,强迫舌骨往前伸,从而将舌伸到了鸟喙的外面;而肌肉的松弛又将舌再次收回到鞘里。当啄木鸟出生的时候,它的舌就固定在耳的附近,跟小鸡的情况差不多。随着啄木鸟的生长,舌骨鞘就会逐渐向四周延伸并盖过头骨,这时它便与鼻孔的后部结合在一起了。至于长在舌尖上的"耳",则是一个感受压力的神经末梢的集合体,称为赫伯斯特氏小体,能够感觉到作为猎物的昆虫的最微小的振动。

俗称"报雨鸟"的啄木鸟

尽职尽责的企鹅父母

企鹅是世人公认的抗寒勇士,大凡与严寒、冰冷有关的商标,都常以它的形象为图案。企鹅居住在冰天雪地的南极大陆,它们是怎样繁殖后代、生儿育女呢?人们经常替它们担忧。

南极大陆异常寒冷,繁殖时生下的蛋,不是要冻成冰球吗?人们的推论当然是有根据的,但对企鹅来说,这是根本不存在的,因为企鹅具有抗寒御寒的特殊本领,能够战胜寒冷,保护儿女顺利出世。

爱护后代是企鹅的天性，雄雌企鹅齐心合力，共同抚养孩子。企鹅妈妈对孩子体贴入微，它的爱抚无微不至；企鹅爸爸也毫不逊色，疼爱子女甚至胜过企鹅妈妈。当儿女即将降临时，它们激动万分。

雌企鹅一次只生一个蛋，它生蛋的时候雄企鹅一直守候在身旁。蛋刚刚降生地面，雄企鹅立

憨态可掬的企鹅

刻奔向前去，用嘴巴将蛋滚动到自己的脚面上，企鹅的腹部皮肤松弛，肚皮下面伸出一个厚厚的皮褶，就像一个皮囊，紧紧地把它脚面上的蛋包裹起来。企鹅的皮肤含有丰富的脂肪，是天然保温防寒层。覆盖在蛋上的皮褶，比鸭绒被子还要保暖，蛋不会受到寒冷的侵害，完全可以孵化。

企鹅爸爸照料尚未出世的儿女非常用心，走路小心翼翼，左右脚交替挪动，轻轻踏地，生怕蛋会跌落下来受伤。为了蛋的安全，它几十天不吃东西，坚守岗位。企鹅妈妈对子女更是牵肠挂肚，每次下海捕食归来，总是急不可待地奔向家园，看看孩子。它从雄企鹅身上接过蛋，亲自孵化。交接蛋的仪式是非常庄严的。雄企鹅与雌企鹅面对面地站立，脚尖碰着脚尖，雄企鹅用嘴巴将蛋推向脚背，蛋立即转移到雌企鹅的脚背上，雌企鹅再用肚皮下面的皮褶把它包盖上。

经过五六十天的孵化，小企鹅破壳出世了。刚出生的幼小企鹅当然不能独立谋生，还要依靠父母喂食。我国奔赴南极大陆进

企鹅"爸爸"细心照料刚出生的小企鹅

大自然趣闻

行科学考察的生物学家，发现企鹅喂养儿女的习性异常独特，它们从海中捕鱼归来，径直奔回自己的儿女身边，将食物喂给孩子。在数目多得难以计算的幼小企鹅中，父母竟然毫无困难地识别自己的亲生骨肉，而不会张冠李戴，真叫人万分惊诧！

蝙蝠的"特异功能"

由于蝙蝠长得奇形怪状，关于它的品类，历来就有许多不同的说法。有人说它是非鸟非兽的怪物，甚至也有人牵强附会地说，蝙蝠是老鼠成"精"，因为两者不仅外形相像，而且生活习性相同。你看，它们都住在阴暗、潮湿的洞穴里，都喜欢在夜晚出来活动，也都会发出吱吱的叫声……就这样，蝙蝠才不明不白地蒙受了"名誉"上的千古奇冤。

近现代的生物学研究，为蝙蝠彻底平了反。其实，蝙蝠和鸟只是形似，在本质上却有着很大的差异。比如：鸟的喙是角质的，嘴里没有牙齿，而蝙蝠的嘴里却有细小的牙齿；蝙蝠会飞，但它的"翅膀"其实只是异化了的前肢，上面粘连着一层薄薄的翼膜，这和鸟类的羽翼是根本不同的；更明显的不同是，鸟类都是卵生的，蝙蝠却是胎生的。因此，无论从哪个角度讲，蝙蝠都和虎、豹、豺、狼一样，是不折不扣兽类，而不是鸟。只不过，它是会飞的小兽而已。

作为兽类，蝙蝠有一种出奇的本领，在迷蒙的暮色里，捕食在半空中飞走的昆虫，就如探囊取物一般。在科学不甚发达的时代，有人认为，蝙蝠一定有一双明察秋毫的"夜明眼"。但现代的科学实验证明，这家伙的视力差劲之极，即使咫尺之内的东西，它也视而不见。

蝙　蝠

那么，蝙蝠扑起昆虫来，又怎么会有那样出神入化、百发百中的能耐呢？

原来，这丑东西另有一种令人叫绝的"特异功能"。据科学家观察，它的喉咙能发出很强的超声波，而它高高耸立的耳朵，又有着非常复杂的结构，成为一个接收超声波的仪器。当超声波在空中遇到空中飞行的小虫，便被反射回来。它的耳朵听到回声，便可以准确判断小虫的准确位置，然后如迅雷不及掩耳般直扑过去，把这些胆大包天、胆敢阻挡它声波的家伙抓住，美餐一顿。尤其令人不可思议的是，它甚至可以根据反射回来的声波，准确判断拦路的是食物还是树木、高墙等障碍物，从而做到百发百中、有的放矢。

我们日常看到的蝙蝠多为褐色，也有些为淡红色、黄色、白色，或夹杂有说不上漂亮的白斑、白纹。它的形体变异也很大，最小的体重仅 1.5 克，最重的一种狐蝠，则达 1 千克。

总起来看，蝙蝠是一种益兽。它们消灭害虫，传播花粉，扩散种子，可以看做是人类的朋友。但也有些蝙蝠会毁坏作物，传染疾病，骚扰住宅，为人类带来不幸和烦扰。

此外，尚值一提的是，有些蝙蝠还可食用。这家伙虽然长得丑陋不堪，但只要真敢下筷子，据说滋味还不错。

看到这里，你也许又会说："世界真奇妙。"还有更奇妙的呢，世界上还有以蝠为朋友的植物呢。

在美国西南部有 130 多种植物完全依靠蝙蝠来传粉受精、繁殖后代，科学家给这些植物起了个名字，叫蝠爱植物。其中以龙舌兰最具代表性。

靠蝙蝠传播花粉的龙舌兰

夜晚，月华初升，蝙蝠开始活跃起来。而这时也正是大朵的龙舌兰竞相开放的时候，它们散发出一股刺鼻的香味在林中飘荡。这种香味中含有丁酸分子，而蝙蝠身上的气味中就含有丁酸。在同样的气味的招引下，蝙蝠展开巨大的双翼向龙舌兰飞去。

龙舌兰的雄蕊花粉非常突出，当蝙蝠把头伸入花冠吸吮花蜜时，它的头和胸上就会沾满花粉，等它飞到另一朵花上采蜜时，就帮助龙舌兰完成了传粉工作。蝙蝠喜爱这种植物是有道理的，因为帮它传粉得到的报酬十分丰厚。龙舌兰一个大花序上就能提取50~60毫升花蜜，其中蛋白质含量高达16%，而龙舌兰的花粉本身也常常是蝙蝠的美餐，这些花粉中蛋白质含量甚至可高达43%！

无论是龙舌兰的香型、开花时间、花蜜和花粉的营养，都十分适应蝙蝠的需要，难怪蝙蝠喜爱它。

卵　生

卵生是指动物的受精卵在母体外独立发育的过程。卵生的特点是在胚胎发育中，全靠卵自身所含的卵黄作为营养。过程是这样的：卵生动物把卵或受精卵排出体外，或掩埋土砂中（如龟），或留树皮空隙中（如蝉），或水域中（如鱼、蛙等），然后集太阳的辐射热发育孵化成幼虫或幼体。卵生方式在动物中很普遍，除部分哺乳类动物外（如鸭嘴兽、针鼹），其他类的动物属于卵生物种。

懒到极点的蜂猴

如果有人问："什么动物最好动？"你一定会马上想到那整日蹦蹦跳跳、攀岩渡崖、没半刻安分的猴子。但我要告诉你，大自然中的事物就是这样奇怪。因为世界上最懒的动物也是猴——蜂猴。

蜂猴也属于灵长目，看上去倒是蛮可爱的一种小动物。它身披蜂黄色的毛，背中央还有一道深栗色的红色直线，搭配得煞是好看。它的个头不大，外形有点像猫，眼睛又大又圆，周围有一道黑圈，宛若戴着一幅"现代派"的墨镜。它的身体又粗又胖，一看就知道过的是养尊处优的生活。

不过，蜂猴的生活习性可和"灵长"毫不相关，因为它太懒了，简直已经懒到了令人难以理解的程度。白天它生活在树洞或树枝间，把身体蜷缩

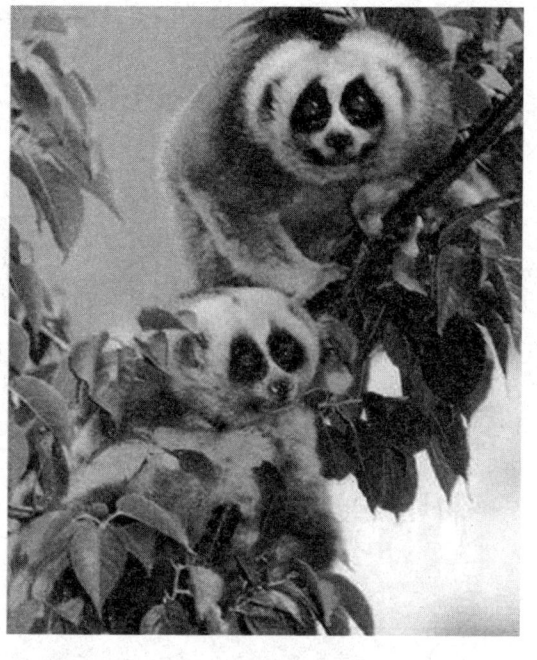

蜂　猴

成一个毛茸茸的圆球球，一睡就是一天。晚上，它睁开眼睛，开始在树枝上慢腾腾地爬行，遇到可吃的东西，就随便吃上一点。也许为了减少活动量，它吃得很慢、很少，为了不动嘴，几天不吃也是常事，即使有敌害袭来，它也只是慢条斯理地抬头看上一眼，就不理不睬了。因此，它又得了一个雅号：懒猴。

蜂猴动作虽然慢，却也有保护自己的绝招。由于它一天到晚很少活动，地衣或藻类植物得以不断吸收它身上散发出来的水气和碳酸气，竟在它身上繁殖、生长，把它严严实实地包裹起来。这可帮了蜂猴的一个大忙，使它有了和生活环境色彩一致的保护衣，很难被敌害发现。因此，它又得了一个雅号：拟猴，意思就是它可以模拟绿色植物，躲避天敌伤害。

蜂猴又被称为原猴类，是灵长类进化中相当原始的种类。也许因为太懒了，懒得连逃跑的"运动"都不做，所以尽管它有模拟"绝活"，数量还是

不断锐减。目前只有在东非和南亚，才保留下为数不多的"遗类"。

蜂猴生活在热带、亚热带的密林中，这些地方天敌较少，气候温暖湿润，四季如春，到处都是四季长存的草食树果，触手可及，张口可食。人们说，这才养成了它懒得不能再懒的生活习性。可见，过于优裕的生活条件，无论对人还是动物，都是有害的。

蜂猴每次只生一胎，偶尔也有双胞胎的。所幸的是，它还没有懒到连孩子也懒得生。否则，这一物种可就真是绝灭了。

不过，就如俗语说的"物以稀为贵"，由于蜂猴存世数量不多，反而使它跃身于珍稀动物之列，成了身价不凡的被保护对象。对蜂猴来说，这也算是不幸中之大幸了吧！

灵长类

灵长目，哺乳纲的1个目，是动物界最高的类群。主要分布于世界上的温暖地区。人类就属于灵长目动物。

灵长类大脑发达；眼眶朝向前方，眶间距窄；手和脚的趾（指）分开，大拇指灵活，多数能与其他趾（指）对握。灵长目的多数种类鼻子短，其嗅觉次于视觉、触觉和听觉，并且绝大多数灵长类都栖息在树上。

灵长类分为低等灵长类和高等灵长类。低等灵长类在动物分类学上被称为猿猴亚目，早在距今6500多万年以前的白垩纪末期就出现了。高等灵长类在动物分类学上被称为类人猿亚目。

动物之间的"化学语言"交流

俗话讲人有人言，兽有兽语。动物的"语言"是指动物利用声音、动作或化学气味来传递信息，彼此"沟通情意"。这是一种奇特的语言。科学家们研究发现，猴子有30多种语汇，海豚有500多种语汇。海豚之间能进行这样的对话：

"救命啊！"

"敌人来了！"

"哪儿有东西吃……"

许多动物，例如昆虫、鱼类和一些哺乳类是依靠特殊的化学气味来辨别同类和传递信息的。藤壶就是其中一种。藤壶是生活在海洋中的甲壳类节肢动物，它的幼体可以游泳，随着海浪四处漂浮。渐渐成熟的藤壶长出外壳后就可以保护自己了，便不再漂浮，而是固着在船底或岩石上，过着定居

能够运用500多种词汇的海豚

的生活。许多藤壶密密麻麻，堆积在一起，似小山丘。一艘船底满附着藤壶的船会因此使船速降低30%～40%。藤壶的形态特异，体外有石灰质组成的壶板，口位于前端，口后有六对附肢，细长如蔓。故藤壶也有"蔓足类"之称。是什么原因使藤壶都聚集在一起的呢？原来藤壶可以分泌出一种特殊的化学物质，可使它的同类跟踪到这种信息，而聚集到一起来。

说到动物的化学语言，当然不能不说昆虫。昆虫没有鼻子，它感受气味刺激主要是通过触角上的嗅觉感受器。气味实际上就是某些化合物，因为这些物质起到通讯联系的作用，所以也被称做信息化合物。那么昆虫如何利用气味语言呢？主要方式是通过昆虫分泌的外激素。这是由昆虫的某些腺体分泌并释放到体外的信息化合物，易挥发，弥漫在空气中随风飘动，在昆虫个体之间传递各种信息，诱发和调节昆虫的行为。所以这种昆虫外激素又叫昆虫信息素。不同的外激素对昆虫起着不同的作用。

有些外激素的作用对象只是同种昆虫个体。性外激素，多是由雌虫分泌

大自然趣闻

并释放，引诱雄虫前来交配。交配后，停止分泌。性外激素具有专一性，即只招来同种异性个体，不会引来其他的种类。这类激素留下的痕迹的引诱距离，不同的昆虫也不尽相同。如家蚕仅为几十厘米；某种天蚕蛾远达4千米；而嗅觉最灵敏的蝴蝶性外激素，能波及11千米，使雄蝶沿性外激素痕迹波浪式飞来。

除性外激素外，昆虫还会分泌报警外激素、追踪外激素和聚集外激素。报警外激素是昆虫遇险时释放的化学物质，使接受到此信息的同种其他个体警觉不安，或及早逃走，或奋起还击。人被一只蜜蜂螫了，往往很快遭到大批蜜蜂的围攻，因为蜜蜂把螫刺留在人皮肤中的同时，也留下了报警外激素，结果这种气味激怒蜂群，后果是很危险的。蚁巢面临危险时，蚂蚁也产生报警外激素：召回兵蚁参战，让工蚁赶快修复巢穴或携带卵和幼虫逃跑。

社会性昆虫（蚂蚁、白蚁）等常释放追踪外激素，可以指引同伙寻找食物。如火蚁用螫刺在地面上连续涂抹有气味的物质，同伴便沿着这条"气味走廊"爬向食物。

聚集外激素可吸引同种个体聚集并进行一系列活动，如取食、交配、越

蝴蝶以聚集外激素沟通

冬等。例如鞘翅目的小蠹虫，当它们对生活环境不满意时，便分泌这种物质，结果便成群结队地飞到更合适的地方。聚集现象可以是暂时的，像蝗虫、蝴蝶的群集迁飞；蚊子、昆蜉等的婚配聚集；或是瓢虫的越冬聚集。也可以是永久性的，像蜜蜂就是这样。因为蜂王不断分泌聚集外激素，对蜂群产生强大的凝聚力。

节肢动物

节肢动物，也称"节足动物"，动物界中种类最多的一门，约占全部动物总数的85%，在世界各地有着广泛分布。节肢动物身体左右对称，由多数结构与功能各不相同的体节构成，一般可分头、胸、腹三部，但有些种类头、胸两部愈合为头胸部，有些种类胸部与腹部未分化。体表被有坚厚的几丁质外骨骼。附肢分节。除自由生活的外，也有寄生的种类。包括甲壳纲、三叶虫纲、肢口纲、蛛形纲、原气管纲、多足纲和昆虫纲等。

动物之间的声音语言交流

昆虫无真正的耳朵，但它的听觉却非常灵敏，且它们能听到的声音频率比人宽得多。有些声音，尤其是高频声波人听不到，而昆虫却可以听到。昆虫接受识别声波刺激主要靠听觉感受器。昆虫的听觉感受器大致有三种：听觉毛，分布于昆虫的触角、尾须或体表上；江氏器，位于触角的第二节里，从外表看不出来，是高度进化的听觉器官，尤以蚊子最发达；鼓膜听器，是外形明显的听觉器官，如蝗科昆虫腹部的鼓膜，蝉腹部的疆膜以及螽斯、蟋蟀足上的足听器。

昆虫发出的声音各异，其发声方式也不尽相同。翅膜振动发声。蜜蜂、苍蝇、蚊子等没有专门的发声器官，它们发出的嗡嗡声，是靠翅上下振动空气产生的。

虫体与其他物体撞击发声。黄蜂巢受袭击时，警戒蜂则撞击巢侧壁示警；白蚁用头或大颚叩击蚁巢洞壁发声；有一种小蠹，用头撞击树木，发出像钟摆般的嘀嗒声。昆虫坚硬的上颚啃食物也能发声。

摩擦发声是昆虫最常见的发声方式。发音器由音锉（又叫音齿）和刮器组成，当二者协调动作、反复摩擦时，就如同用薄板在梳子上摩擦一样，发出"扎扎"的声音，像蝗虫的音齿和刮器都长在翅上。

膜振动发声是昆虫利用声鼓器发声的方式。雄蝉腹部第一节两侧大而圆的盖板下，各有一片如同鼓皮一样的弹性薄膜，叫声鼓。它的内面与肌肉相连，肌肉舒缩，声鼓便一上一下振动，产生连续而高亢的蝉鸣。通过调节肌肉收缩的速度和强度，蝉鸣的声音时高时低。

气流发声是昆虫用"口"发声的极少数的方式。有一种天蛾发音器官是口器中的内唇，当咽的肌肉收缩时，吸入气流，这股气流通过内唇与咽底狭小空间时受阻，便发出悠长的哨声。

昆虫通过发音器官和听觉器官的密切配合，形成一套完善有效的声音通讯系统，通过声波把昆虫个体紧紧联系在一起。

鱼类的声音语言也是丰富多彩的。沙丁鱼发出的音响如同风吹过树叶般的"哗啦、哗啦"。豹蟾鱼发出汽笛般的鸣声。海鲶发出的声音像在有节奏地击鼓。

刺鲀、海马发出的声音如同熟睡的人，"呼噜、呼噜"声不绝于耳。如果你听到的是锉刀锉金属的声音，很可能是隆头鱼在歌唱。鮟的声音经常发生变化，时而似鸭叫，时而似猪哼，

海马可以发出"呼噜"声

时而又似母鸡下蛋的"咯、咯"声。而处于繁殖季节的黄花鱼发出的"咕、咕"声,则与蛙的鸣叫声相仿。

　　鱼类并不像鸟类具有鸣肌,更不像人类具有声带。鱼类发出的声响一类是生物声,一类是机械声。生物声是由鱼体某些器官发出的,例如鱼鳔的振动,牙齿、鳍条、骨头的摩擦。此种声音传播较远,有着重要的生物学意义,是个体间相互联系的主要方式。尤其是在鱼类的生殖季节,生物声更加多样、婉转以吸引异性的到来。例如:大黄鱼,产卵前发出"吱吱、沙沙"的声音,产卵时像打着小鼓一样发出"咚咚"之声;而产卵后,还会"吱吱"叫个不停。

　　鱼类发出的机械声是由于鱼类击水、挖掘洞穴、摄食、咀嚼等发出的。每种鱼根据习性、大小,机械声也不尽相同。如翻车鱼咀嚼食物时,会发出咽喉齿的摩擦声,那咬牙切齿的"吱吱"声令人毛骨悚然、不寒而栗。鱼类发出的声音除了同类之间的联系外,还可以在深海中探测水深,或是在危险来临时,警告鱼群逃避敌害。例如:安康鱼就发出"吼——呜特,吼——呜特"的声音,恐吓别的鱼,不让它们进入到自己的领地。

　　水中鱼的种类繁多,鱼的声音更是千奇百怪。这变化万千的鱼的"歌声",犹如水下音乐会,延绵不断,不绝于耳。

可以预报洪水来临的鳖

　　这是一个叫人难以置信,然而却是真实的故事。故事发生在 1976 年盛夏,几位渔民沿着河岸缓缓行走,仔细地寻找着鳖卵。当时洪水刚刚过去,河床的两侧还留有洪水的痕迹。他们寻找了一会儿,终于在岸边高处沙滩上找到了鳖卵。经过实地测量,发现鳖卵产地距离洪水痕迹高出 6 米,一位有经验的老渔民断言道:"今年还有一次更大的洪水!在鳖产蛋后的 30 天左右,洪水就会到来!"

　　事实果然不出老渔民所料,不久这里就连续下起暴雨,河水迅速上涨,淹没了7万亩晚稻。河水水位正好涨到距离第一次洪水水位6米高的地方，紧紧挨着鳖卵产下的沙窝。

这难道是巧合吗？不，因为他们接连发现，河岸的鳖卵沙窝都不约而同地处在同样一个高度，这不暗示着某种生物学的内在规律，这能不说明一个问题吗？

可以预报暴雨的鳖

于是人们开始议论纷纷，做着各种各样的猜测。而动物学家们则从鳖的生活习性、居住环境、繁殖后代等多方面进行研究。

鳖产卵的位置、时间与洪水水位和洪水到来的时间，究竟存在什么关系？目前虽然尚不能做出令人满意的回答，但还是提出了供人思考的科学思路。

鳖卵产下以后，要经过30天左右才能孵化成幼鳖。如果洪水水位很低，或者洪水迟迟不来，鳖卵所处的位置很高，那么刚刚孵出来的幼鳖，在爬向河中的时候，会因路途太长而中途干死，不能进入河水之中，那么它的后代便夭折了。

相反，鳖卵孵化不足30天，幼鳖尚未出世，而洪水提前到达将鳖卵冲跑，它同样遭到繁殖后代的失败。因此，若想让后代安全出世，还真要动脑筋认真算一算呢！只有鳖将产卵的时间、地点与洪水到来的时间、地点保持一致，鳖才能不断繁衍生息，否则就会被大自然淘汰！

看来鳖经过祖祖辈辈的生活经验，已经计算好了这个数字。尽管这对于人们而言，至今仍然是个不解之谜！

动物的奇闻趣事

长命百岁的长寿动物

动物中寿命最长的可能是龟。1737 年,科学家们在印度洋的一个岛上捕获了一只象龟,据鉴定它的年龄当时是 100 岁左右。这只龟被送到英国,在一个动物园又活了很长的时间,20 世纪 20 年代还生活在那里。假如捕获这只象龟时动物学家的计算是正确的话,这只象龟的寿命大约在 300 多岁。

有些鱼类的寿命都是很长的,1794 年在莫斯科近郊的一个湖里捉到一条狗鱼,它的鳃盖上穿着一个金环,上面刻着:"沙皇鲍利斯放生。"沙皇鲍利斯生活的年代是 1598—1605 年,这条狗鱼在湖里生活了 200 年左右。可是许多现代专家对此表示怀疑,认为狗鱼只能活 70~80 年。现在科学家们已研究出一种从骨胳和鱼鳞上的年轮来确定鱼的年龄的方法,用这种方法,已测出大白鳣能活 100 多年。人工饲养的鱼就比较好确定它们的寿命了,如人工饲养下鲶鱼能活 60 岁,鳗鱼能活 55 岁,金鱼能活 30 岁。

海龟是一种非常长寿的动物

怪山、奇石、异洞、妙泉

在自然界，存在着许许多多大自然的杰作，大自然是最伟大、最神奇、最有潜力的魔术师，她可以完全凭一己之力缔造出鬼斧神工的杰作，令人叹为观止，拍手叫绝。能预报天气变化的石头，能发出悦耳声音的响石，猛犸洞穴国家公园，可以向外喷风的奇风洞，蔚为壮观的地下水晶宫，还有景色奇幻、瑰丽多姿的古巴洞穴以及那些形形色色、各具风貌的山泉莫不是大自然鬼斧神工的杰作。怪山、奇石、异洞、妙泉这一副副美妙绝伦的自然图画，如同颗颗熠熠生辉的珍珠镶嵌在大自然中，为我们美丽的家园再添一份锦绣。

喷薄的地下火龙

自然界有这样一种奇观：地下火龙大发雷霆，要冲出地表。这时，大地轰鸣，山呼海啸，浓烟蔽日，裂焰冲天。顷刻，雷鸣电闪，暴雨倾盆。当暴怒稍息之后，高达1000℃以上的熔岩从地缝里滚滚地流出，好像无数条火龙汹涌奔流。如果洞口凝固的岩石胆敢阻挡它的前进，激怒的火龙就会把这绊脚石冲击得粉身碎骨。亿万吨的弹、砾、砂、灰直冲云霄，然后又像焰火似的坠落大地，埋葬了周围的所有生物，毁坏了人类社会的物质文明。暴怒完全平息，大地又恢复了平静，只有那熔岩冷却后形成的钟形山峰，洞口升起的袅袅轻烟，以及山下的断壁颓垣，才表明这里曾经爆发过火山。

在西方语言中，"火山"就是"燃烧的山"。其实，山是不会燃烧的，而所谓的火，就是岩浆活动冲出地表的结果。我们知道，地球内部有许多放射性的元素，它们能释放出巨大的热能，使岩石熔化形成岩浆。岩浆活动频繁的地区往往形成较大的裂缝，活动的岩浆正沿着裂缝运动，一旦冲出地表，就是火山爆发。当然，多数岩浆是无力冲出地表而在地下冷却形成岩石，比如花岗岩。

火山不仅没有火，有时也没有山。所谓的山只是由地下喷出的碎屑沿着裂缝口逐渐向上堆积，最后形成的中央高、四周低的锥形山峰。例如日本著名的富士山，高达3776米，最后一次爆发是在1707年，现在仍在冒烟。山顶白雪皑皑，山间飞瀑泻玉，北临富士五湖，成为日本首屈一指的风景区。我国大同附近的火山，也属于这个类型。

也有的火山早期爆发后就夭折了。仅在地下炸开一个大坑，于是积水成湖，晶莹的蓝色湖水，常常使许多游客流连忘返。例如我国的位于长白山脉白头山上的天池，小兴安岭上的五大连池，都是火山活动后形成的堰塞湖。

更多的火山爆发是在海底，不少海岛就是由火山爆发所形成的火山岛。特别令人难

富士山

忘的是地中海中的斯特朗博利火山，可说是火山中的君子。温文尔雅，循规蹈矩。每小时准时爆发2～3，已经持续了2000多年。它没有惊心动魄的爆炸，只从火山口内几个小喷气孔中轮番喷气，爆炸轻微。每当沉沉夜幕笼罩大海时，茫茫的地中海漆黑一团。突然，一阵美丽夺目的红光凌空而起，划破了沉寂的夜空，照亮了周围一百五六十千米的海面，给迷途的航船指明了

方向。千百年来,它就这样一直屹立在海中,任劳任怨地为航海者服务。因此,人们亲昵地称它是"地中海上的灯塔"。

但大多数的火山却是桀骜不驯,喜怒无常的。它们不鸣则已,一鸣惊人。像意大利南部著名的维苏威火山,在公元前79年以前,一直被人们认为是死火山。可是,就在这年的8月24日,它猛烈地爆发起来。经过八天八夜的咆哮,无数的烟砂灰石竟把附近繁华古城庞培和古镇赫尔古兰农姆全部埋葬了。经过200多年的发掘,沉埋了1900多年的庞培古城风光业已清晰可见。若再经过几十年的发掘,古城就必将完全重见天日了。

岩浆和熔岩

岩浆是指地下熔融或部分熔融的岩石。岩浆一般由几部分组成:①熔化形成的液体。②从液体中结晶的矿物。③捕房体和包裹体。④岩浆中溶解的气体。

熔岩是指喷出地表的岩浆,也用来表示熔岩冷却后形成的岩石。熔岩常见于火山出口或地壳裂缝,一般温度介乎于摄氏700℃~1200℃。

与众不同的火山

世界上有很多火山。大家知道,火山喷发出来的应该是火热的岩浆。但是,有些火山却是例外。

意大利西西里岛的埃特纳火山就是一座喷金的火山,法国科学家探查出这座火山每天的喷出物中约有2.4千克的金子和9千克的银子,它们和其他一些喷发物以气体状态喷入五六十米的高空,在空中冷却后再以粉末状降到地面和地中海。但是现有的技术水平还难以回收。

喷发金子的火山还不算奇怪,更奇怪的是冰岛南部海滨的格姆维特火山,爆发时喷出来的不是火与灰，而是冰块。据观测，每秒钟喷出的冰块有420立方米，两周后，喷出的冰块达1.3立方千米。

与此相类似，在哈萨克斯坦的缅布拉克山谷，科学家们发现一座奇特的火山，它的火山口直径有1000多米，它喷出来的不是岩浆，也不是火与灰，而是水。所以火山口周围长满了各种各样的植物。

在拉丁美洲巴巴多斯岛东部5000米的深海处，科学家们发现了一座喷泥的火山，在宽约1000米的椭圆形火山口内，人们看到的不是沸腾的岩浆，而是翻滚着的泥浆。整个火山口由一层密密麻麻的黄色细菌所覆盖。

格姆维特火山喷发出来的是冰

在中美洲的萨尔瓦多，有一座世界著名的活火山——依萨尔科火山，它高1885米。自200多年前开始喷发以来，每隔2～10分钟便喷发一次，从未间断过。火山喷发时，先产生一阵震动，然后火山口出现烟云，随之大量气体、熔岩和火山灰直冲蓝天，形成高达300米的圆柱形，其顶部在空气中逐渐模糊，形成巨大的蘑菇帽。这一自然奇观对于航行在中美洲海岸附近的船只来说，是一个独特的天然信号塔，船员们从很远的地方就能见到它，便将它称为"火山灯塔"。

热气如蒸的火焰山

《西游记》第五十九回记述了这样一个故事：唐三藏与行者、八戒、沙僧于深秋时节，在上西天取经的路上，正感到衣单身冷，寒气袭人，忽觉得薰风扑面，热气如蒸，三藏命孙悟空前去打探。路遇有人叫卖米糕，孙悟空拔根毫毛变个铜钱买糕。米糕拿在手中好似火炭，烫得行者左右倒手，只叫"热！热！"卖糕人笑道："怕热？别来这里！"悟空从卖米糕老翁口中得知，这里是无春无秋、四季皆热的火焰山。老翁说："八百里火焰山，四周围寸草不生，若想过这山，就是铜脑盖，铁身躯也要化成汁。"最后，孙悟空从铁扇公主那里借了芭蕉扇，扇灭了火焰山才过山西行。这段动人的神话故事，并非作者臆造，在新疆的吐鲁番盆地中确实有一座横空屹立着的火焰山。

火焰山风光

如果你站在吐鲁番盆地远处望那火焰山时，就会见到整座大山烈焰腾腾，一股股炎热的空气迎面扑来，烤得人汗流浃背。夏季的午后，飞鸟经过这里，常常热昏过去，落地而死。这里有时也会出现阴云密布，雷声隆隆的降雨天气，但只闻雷声却不见雨水落地，原来雨点在半空中就蒸发成水汽又返回高空，形成了有名的"干雨"。火焰山上既无树木又无花草，山上遍布红色砂岩，在阳光照射下反射着红色光彩，很像一片火焰，因此人称"火焰山"。

火焰山一带的天气为什么这么炎热？从祖国地图上可以看到：火焰山位于深处内陆的吐鲁番盆地中，这里地势低洼，有4000多平方千米的地方海拔在海平面以下，最低的艾丁湖面竟低于海平面154米，成为我国最低的地方。四周又为群山封闭，空气不易流通，使盆地内的火焰山周围增温快，散热慢。白天在强烈的日照下，沿周围群山下沉的气流受岩石的熏烤，形成阵阵热风吹向盆地中部，更兼炽热山岩向盆地中的红外线辐射，因此，气候炎热似火。距海遥远，海风不易到达，使这里的空气异常干燥，天空云量甚少，阳光直射地面，更增加了阳光照射的强度。1941年夏季，这里最高气温达47.6℃，创造了我国气温的最高值。地面上沙堆温度最高达82.3℃，"沙窝里烤熟鸡蛋"之说并非夸张。

这里的维吾尔族人民并没有学孙悟空,向铁扇公室借来芭蕉扇去扇灭火焰山,而是利用火焰山夜冷昼热的特殊气候,栽种出了又大又甜的吐鲁番葡萄和哈密瓜,使这里成了我国著名的"瓜果之乡"。

黄海鸟岛——车牛山岛

在南黄海的海湾处,有个名不见传的小岛,因在它的旁边还伴随着前后相接的两个小岛,其状如一牛一车,海浪在"牛"肚"车"腹激起阵阵水花时,犹如水牛拉着大车在海上泅渡,故得名车牛山岛。

车牛山岛面积甚小,只有0.058平方千米,远远望去,好像是一个海上巨型盆景,浮现在黄海的波浪里。岛屿虽小而栖息在岛上的鸟类却颇多,人称黄海鸟岛。

环岛而行,真如置身在一个鸟的天然乐园之中,又如在参观一个鸟类博物馆。飞鸟之多,目不暇接。一般游人可随处见到娴静高雅的天鹅,翩翩起舞的仙鹤,歌喉婉转的画眉以及叽叽喳喳的八哥。

如进一步探究,还可发现许多珍稀奇异的鸟类,如据说会变黄、红、灰三种颜色的三

车牛山岛

彩鸟,机灵的红尾伯劳鸟,美丽的黄莺、柳莺,笨拙的扁嘴海雀,可爱的黄翡翠,崖上筑巢的黑尾鸥,乘风展翅的灰椋鸟及黑头蜡嘴的军舰鸟等等。

据鸟类专家鉴定,车牛山岛上已发现的鸟类共有20目、10科、128种,其中属于《中国候鸟保护协定》规定保护范围之内的就有50多种,包括了世

上十分罕见的潜鸟、灰灌鹤等。

车牛山岛鸟的历史，已经十分悠久，据《禹贡·曾氏注》中记载："羽山之谷，雉具五色。"羽山即今云台山，车牛山岛是云台山延伸至黄海海州湾中的小岛。上古时期，车牛山岛便盛产羽毛，并有鸟之古国之称。

车牛山岛，何缘会成为鸟之王国？这主要是为其特殊的地理位置所决定的。车牛山岛位于温带与北亚热带的过渡地带，由于受到海洋性气候及东南季风的影响，岛上温暖湿润，林木葱茏，花果飘香；加上海州湾是著名的渔场，车牛山上又有各种昆虫的大量存在；这一切为鸟类的栖息、繁衍提供了十分有利的条件。

海州湾地处渤海、黄海、东海之中间部位，为候鸟迁徙至海上必经之驿站。由于长期远隔陆地，鲜为人知，自然生态环境十分优越，所以在这弹丸之地的车牛山岛生长了数量品种众多的鸟类，成为名副其实的鸟岛。

会"走路"的石头

美国加州的死谷名胜区是个异常奇特的地方：山上长满松树和野花，山顶白雪皑皑，山下沙漠一望无际，其中有盐碱地和个断移动的沙丘。死谷比海平面约低150米，是全美国最低、最热、最干燥的地方。

死谷中自然奇观很多，最吸引人的要算"会走路的石头"。这些石头散落在龟裂的干盐湖地面上，干盐湖长达1.5千米。干盐湖就是石头的"跑道"。

石头大小不一，外观平凡，奇怪的是每一块都在地面上拖着长长凹痕，有的笔直，有的略有弯曲或呈之字形。这些痕迹看来是石头在干盐湖地面上自行移动造成的。有些移动长达数百米。石头怎么会移动呢？有人说是超自然力量在作怪，有人说与不明飞行物体有关，有人则认为是自然现象。

加州理工学院的地质学教授夏普经过7年研究，自信已经找出个中奥妙。他选了30块形状各异、大小不一的石头，逐一取了名字，贴上标签，并在原来的位置旁边打下金属桩作为记号，看看这些石头会不会移动。

怪山、奇石、异洞、妙泉

除了两块外，其余的都离开了原来的位置。不到1年光景，有一块已移动数次，共"走"了287米，另一块石头，则创造了一次行程最远的纪录：230米。

夏普研究了石头的"足迹"，并查核当时的天气情况，发现石头移动是风雨的作用；移动方向与盛行风方向一致，

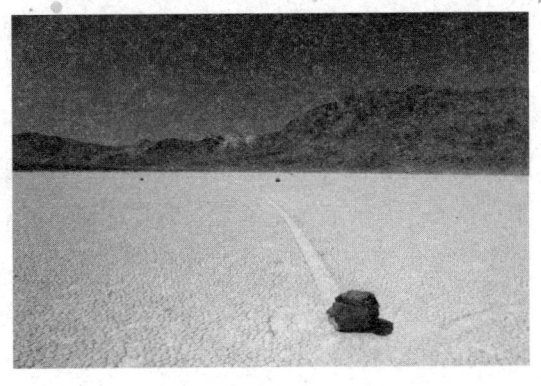

会走路的石头

这是有力的佐证。干盐湖每年平均雨量很少超过2寸，但是即使微量雨水也会形成潮湿的薄膜，使坚硬的黏土变得滑溜。这时，只要附近山间吹来一阵强风，就足以使石头沿着湿滑的泥面滑动，速度可高达每秒1米。

这些走路的石头使"跑道"成为旅游胜地。谜底虽然已经揭开，这种奇景却依然令人产生一种神秘莫测的感觉。

能预示天气变化的石头

自然界中，有一些奇特的石头，它们与气象息息相关。在安徽省黟县西牙乡陈阁村的一位农民家里，珍藏着一座高约2尺的奇石。说它奇有两个方面。其一是形状奇特：整块石像假山，沟壑纵横，纹理天然，状如骆驼，形神兼具。其二是功能奇特：它能准确无误地显示出当地天气变化情况。当假山呈白色时，表示阳光普照，晴空万里；自白转灰时，天气即由晴转阴；一旦石头颜色变为深灰，且假山顶峰呈现墨色，则说明小雨即将来临；当墨色浸满整座假山，且浑身湿漉滴水时，则意味着大雨滂沱，山洪即将爆发。

无独有偶，在贵州三都自治县的板甲乡，也有一块奇异的巨石。自上世纪70年代以来，就发现它有预告天气变化的功能，其准确程度不亚于电视和

广播中的天气预报,被当地老百姓誉为"晴雨石"。如石面呈白色,则表示天气晴主朗;如石面呈暗色,则预示风雨来临;若久雨后由黑转白,则预兆天气将由阴雨转晴。

还有能够预告汛期的奇石。我国广西壮族自治区环江县东兴乡怀村渡口有一巨石,从河底拔地而起,东向俯卧。此石乍看与普通石头并无二致,奇就奇在露出水面部分,会改变颜色。时而红,时而青,进而黄。当奇石出现红色时,2~3日河水必涨,颜色愈深,水涨得越高。涨过之后,红色即褪,出现青色或黄色。

人们将这些能预示天气变化的奇石,称之为"气象石"。气象石何以能预示天气变化呢?一些科学家研究认为,可能是大气压和空气湿度的相对改变引起石面颜色改变的结果。但同样的气压和湿度改变为何不会使普通石头变色呢,这至今仍是有趣的"自然之谜"。

东山岛铜山风动石

东山岛位于闽南与广东省交界处,是福建省的一个大岛,其中以风动石最著名,另尚有石斋、苏峰山、岣嵝山、庙山等自然风景及八尺门、西山岩、关帝庙、郑成功水寨山故址、黄道周故里、铜山古城等历史古迹。

风动石之景在我国已有多处,但以闽南东山岛岣嵝山东麓的铜山风动石最著名。巨石临海,摇摇欲坠,宽4.57米,长4.69米,高4.37米,重达200余吨。其形似玉兔蹲伏石上。上小下宽,座是圆弧形,贴石盘处,其尖端仅数寸。如一滚珠,大风一来,悬

风动石

空斜立，左右晃动。一人用力推之，就可将如此巨石弄个左摇右晃，堪称奇观。古人誉之"天下第一奇石"。

东山岛风动石，上刻有明末贤士黄道周、陈士奇等三位姓名，因而就称为"三忠石"。黄道周是众人熟知的民族英雄，其余二位都是其学生，两人皆中进士，死于战难。风动石就在黄道周故里门前。据传黄道周诞生前夕，其母梦风动石倒入情中，感应而得子。那年风动石旁乃生出一枝荔枝，是闽中荔枝优良品种之一。

变颜色的奇石

在澳大利亚中部阿利斯西南的茫茫沙漠中，有一块世界称奇的怪石，它周长约8千米，高达438米，俨然如一座大山屹立，巍巍壮观。曾经有人计算此石，仅露出地面的部分大约就有几亿吨。这块奇石每天都很有规律地改变自己的颜色。早晨旭日东升时呈棕色，中午时呈灰蓝色，夕阳西

澳大利亚会变色的石头

下时蓦然变成鲜艳的红色熠熠闪亮，蔚为神奇。古代当地居民把它当做天然"时钟"，根据它颜色的变换来准确地掌握每天的时间，安排生活和农事，从未发生误差。

自古至今，怪石吸引着千千万万的国内外游客，也招来世界各地的许多考古学者和地质学家。他们对怪石的每天变换颜色兴趣强烈，对其做过种种探究和猜想。有些学者认为，这是由于沙漠地势平坦，天空终日无云，而怪石表面颇为光滑，好像一面镜子，对光线反射力较强。由于从清晨到傍晚的

日照变化，因而使怪石在不同的时间里呈现出不同的颜色。但有一部分人认为，这种解释不够全面，难以令人信服，因此怪石的奥秘至今仍是个谜。

能发出悦耳声音的响石

任何时候都不能用一成不变的眼光来看待事物。对于石头也是如此。因为石头不仅能跳，还能如乐器似的发出悦耳动听的声音。浙江省湖州有一个黄龙洞，这是一个不引人注目的小溶洞。但是，倒挂在这个小溶洞顶部的很多岩石却是不同寻常的，因为它们是闻名天下的"响石"，会发出美妙的音乐。如果用力敲击这些岩石，就如拨动琴弦，不同的打法会发出不同的音响。假如音乐家有节奏地敲打它们，还可以演奏一曲动听的"响石乐"。

石头能当乐器使，这到底是怎么回事呢？由于黄龙洞是由石灰岩组成的，斗转星移，石灰岩被含有二氧化碳的流水所溶解，渐渐形成了溶洞。而溶洞靠近古太湖，古太湖的湖水升降十分频繁，石灰岩逐渐被冲刷溶解。久而久之，石灰岩成为中空状，而且形式各种各样。它们还有一个共同的特点就是比较扁而薄，因此只要受到了震动，就能发出各种清脆的音响，萦绕在耳边。

溶洞的形成

溶洞的形成是石灰岩地区的地下水长期溶蚀的结果。形成过程是这样的：石灰岩里不溶性的碳酸钙受水和二氧化碳的作用能转化为微溶性的碳酸氢钙。由于石灰岩层各部分含石灰质多少不同，被侵蚀的程度不同，就逐渐被溶解分割成互不相依、千姿百态、各具特色的山峰和奇异景观的溶洞。

怪山、奇石、异洞、妙泉

可以蹦跳的石头

黄龙洞的石头可以演奏音乐，这已经让人很惊奇了，更让人惊奇的是有的石头居然会"跳舞"。石头也能蹦蹦跳跳？或许你会持怀疑态度。因为在我们的印象中，石头是实心的，而且不具有运动的本能。它能动的先决条件是人来施加外力。有一次，科学家们把刚从海底采集来的石块放在甲板上，疲惫的他们想靠在石块旁歇一会儿。忽然，有的石块上下蹦跳起来，有的还发出了响声，而且裂了开来。这真是一件怪事！

黄龙洞

科学家们十分惊奇，开始采样并对它们进行研究。研究结果显示，并不是所有从深海海底采集的石头都会蹦跳，只有来自于死火山或者活火山所形成的海底山脉的石头才会蹦跳。原来，二氧化碳在岩石中的含量比凝固的玄武岩熔岩中的含量要高出约20倍，而在深海高压的条件下，火山熔岩里面的气泡就呈现比较稳定的状态。当它们离开海底的深水来到水面上的时候，一下子失去了原有的高压力，石块就仿佛挣脱了束缚，欢快地跳起来。

玄武岩

玄武岩属基性火山岩。是地球洋壳和月球月海的最主要组成物质，也是地球陆壳和月球月陆的重要组成物质。玄武岩的主要成分是二氧化硅、三氧化二铝、氧化铁、氧化钙、氧化镁，还有少量的氧化钾、氧化钠，其中二氧化硅含量最多，约占45%至50%。玄武岩的颜色，常见的多为黑色、黑褐或暗绿色。因其质地致密，它的比重比一般花岗岩、石灰岩、砂岩、页岩都重。但也有的由于气孔特别多，重量便减轻，甚至在水中可以浮起来。

臭石和除臭石

四川省射洪县金华山"陈子昂读书台"内有一块臭石头。它形如人脑，颜色呈青灰，重过150千克，看上去同普通石头并无两样，奇特的是用硬物击之，石头顿时会发出臭气。

据民间传说，唐初著名诗人陈子昂辞官归隐射洪后，被县令段简所害，死于狱中。州官为平民愤，将段简斩首弃市。一夜风雨之后，尸首变成了一块臭石头。现在，臭石头已被作为文物收藏、保护。

天下无奇不有，有臭石就有除臭石。在瑞士、瑞典、日本出产一种能除体臭的石头。这种石头外观呈白色半透明水晶状，与明矾石极相似，内含较多的镁、铝、溴化钾、硫黄等，而不含有钠、铁元素，因而具有显著的杀菌的药用效果。这些国家制药厂将这种天然的石头，加工成120~150克重的圆形状，用一个精致的小盒装着，在市场上出售，称为"香体天然水晶石"，而人们习惯叫它"香体石"。

现在许多欧洲人都喜欢使用它：入浴前，先将这石头浸在水里，浴后用它在身体易出汗部位涂擦即可收到抑制汗液分泌达24小时的效果。不少消费者用后反映，香体石不但对狐臭、脚臭有独特的功效，对治疗皮肤表面的疮、癣、疥疾亦有明显的效果，而且不会引起皮肤过敏等副作用。

冒水汽的沸石和含毒气的马来毒石

200多年前，欧洲一位地质学家在野外考察时，用水壶烧开水解渴。点燃篝火,他想趁此机会小憩一会儿,但没过多久,壶里的水已沸腾了。当他喝水时,发觉水还没开。奇怪的是当他重又把壶放在火上时,水立刻又沸腾起来。这到底是怎么回事?仔细察看后,他终于发现了一小块白色石头。正是这块石头在加热时放出大量气泡,造成沸腾的假象。

沸石的奥秘在科学仪器的检测下终于露出了其"庐山真面目"。它的晶体非常细小,只有在电子显微镜下才能看到。它是无数沸石晶体构成的集合体。晶体的形状也各不相同,每个晶体的内部有大小均匀的孔穴与孔道,可想而知,构成晶体的孔穴和孔道当然就更小了。孔穴被孔道连通,形成了非常整齐的孔穴孔道网。在孔穴和孔道中,常常有水和镁、钾、钙等物质,受热或遇上干燥环境,水汽就会冒出来。

神奇的沸石

有的石头会冒水汽,而有的石头居然有毒。1986年8月,非洲马里共和国的一个地质勘探队正在亚名山进行勘探。挖着挖着,猛然觉得下面硬硬的,好像有什么异常物体,急于挖到"宝"的他们,不辞辛劳地干了起来。很快,一块美丽的大石头呈现在他们面前。石头的上部呈蓝色,下部呈金黄色,形状就像鸡蛋一样,大约重5吨。他们还未来得及分享"胜利"的喜悦,就已感觉到手脚麻木,视线模糊,接着发出痛苦的呻吟。不久,他们被送到了医院,虽经医务人员奋力抢救,还是因中毒过深而未能逃出死神的魔爪。他们为什么会中毒呢?

进一步的研究终于让事实水落石出,原来毒气来自那"可恶"的美丽的大石头,这就是"马里毒石"。岩浆从地下上升的过程中,常常伴随着大量气体,其中有一部分是毒气。岩浆在凝结成岩石的过程中,气体大都从岩浆中挥发出来了，但也有的气体很难挥发出来。这样的话，不容易挥发的气体，例如毒气，就会停留在石头里。勘探队员在挖"宝"的时候，石头由于被移动而释放出毒气，使他们在不经意间中毒了。

晶　体

晶体是内部质点在三维空间呈周期性重复排列的固体。晶体有下列共性：(1) 规则排列：晶体内部原子至少在微米级范围内规则排列。(2) 均匀性：晶体内部各个部分的宏观性质是相同的。(3) 各向异性：晶体中不同的方向上具有不同的物理性质。(4) 对称性：晶体的理想外形和晶体内部结构都具有特定的对称性。(5) 自限性：晶体具有自发地形成封闭几何多面体的特性。(6) 解理性：晶体具有沿某些确定方位的晶面劈裂的性质。(7) 最小内能：成型晶体内能最小。(8) 晶面角守恒：属于同种晶体的两个对应晶面之间的夹角恒定不变。

世界上最大的洞穴——猛犸洞穴

大自然鬼斧神工，造就了不少杰作。现已发现的世界上最大的洞穴是美国的猛犸洞穴国家公园。它被誉为西半球奇观。

猛犸洞穴坐落在肯塔基州中部的路易斯维尔南约 160 千米处，占地 264 平方千米。这里，生长着茂密的森林，蜿蜒曲折的格林河和诺林河流贯其间。猛犸本指一种现在已经绝种的长毛巨象，这里用来形容洞穴体积庞大，与猛犸原义无关。

洞穴分布在五个不同高度的地层之内，由 255 座溶洞组成，最下一层低于地面 110 多米，合计长度有 252 千米。洞穴内有 77 座地下大厅，最著名的是中央大厅、酋长厅、蝙蝠厅、星辰厅、婚礼厅。

怪山、奇石、异洞、妙泉

中央厅在溶洞群的中部，里面有各项设备齐全的旅游设施。酋长厅是最大的一个厅，长163米，宽88米，高33米，可容数千人。星辰厅顶部分布着许多含锰的黑色氧化物，氧化物上点缀着不少石膏结晶，仰望顶篷，仿佛是星光灿烂的星空。猛犸洞中石笋林立，钟乳多姿，造型神奇，不可名状。洞内还有两个湖、三条河和八处瀑布。最大的回音河，宽3～8米，深1.5～3米，游人可乘平底船作循河上溯0.8千米之游。

猛犸洞

河中有奇特的无眼鱼——盲鱼，这种无色水生动物长约12厘米，体无鳞片。洞中还有甲虫、蝾螈、蟋蟀等盲目生物。

传说1799年，猎人罗伯特·霍钦在追逐一只受伤的野熊时，无意中发现了这个洞。但后来在洞中又发现了鹿皮鞋、简单的工具、用过的火把和干尸等，这说明史前的印第安人早就知道这个洞穴了。

1812年第二次英美战争期间，这里是开采硝石的矿场。战争结束后，成为公共游览场所。为纪念因考察这个洞而献身的探险家柯林斯，公园内的中心水晶洞叫做柯林斯水晶洞。

向外喷风的奇风洞

在云南路南石林风景区东北5千米歪头山东南坡上，有一个岩洞，洞口宽约1米。人们发现有阵阵怪风从这个洞内发出。其特点是，开头轰的一声巨响，接着这山洞便不断吼叫，并仿佛有鼓声，像古战场一样。一股强劲的风从洞口出来，洞外被弄得尘土飞扬，树枝摇摆，哗哗作响。这样过了三四分钟后，风力便逐渐减小，最后变成了回风，一些杂草、落叶还被吸进洞里。回风一两分钟便消失了。过了一两分钟后，洞内又开始第二次向外喷风。但这次持续时间和风力都比不上头一次。第二次喷风结束后，一切又都恢复了正常，完成了一个喷风周期。下一个周期的来临因季节而不同，在雨水充沛的季节，间隔的时间为半小时左右。

这个洞被人们称为"奇风洞"。奇风洞为什么能喷风？地质工作者经过反复考察，终于揭开了它的秘密。原来这是石灰岩岩溶地区的一种罕见的虹吸现象在作怪。

奇风洞

人们在考察中发现，在奇风洞东面100米处，有一个群山环抱着的山沟，沟里有一口由石灰岩受溶蚀而生成的奇特而深邃的落水井。一股清泉从上游流来，跌落井中，井从井底的岩石裂隙流入地下，成为暗河。如果落水井的井壁上没有其他裂隙，则井中的水终究会漫出井口，成为一条哗哗畅流的小河。但这个落水井的井壁上恰巧有裂隙，而且还是一个贯穿山体的向上拱曲的虹吸裂隙。当井中的水位没有超过弯道的顶点，是不会产生虹吸作用的。

一旦水位达到这一高度，虹吸作用便会产生。当落水井中的水因为被大量抽走而急剧下降至虹吸裂隙口处时，空气便重新进入弯道，虹吸作用停止，喷风也停止，而且由于地下的洞穴中出现了瞬时的真空状态，所以空气还会通过喷风口向里回灌，形成回风。又由于在这个地方同时存在两套虹吸系统，致使每个喷风周期由两次喷风组成。

石灰岩

石灰岩，简称灰岩，是以方解石为主要成分的碳酸盐岩。常含有白云石、粘土矿物和碎屑矿物，有灰、灰白、灰黑、黄、浅红、褐红等颜色，硬度一般不大，与稀盐酸反应剧烈。石灰岩主要是在浅海的环境下形成的。按成因石灰岩可划分为粒屑石灰岩，生物骨架石灰岩和化学、生物化学石灰岩。按结构构造石灰岩可细分为竹叶状灰岩、鲕粒状灰岩、豹皮灰岩、团块状灰岩等。石灰岩的主要化学成分是碳酸钙，易被溶蚀，故在石灰岩地区多形成石林和溶洞，称为"喀斯特地形"。

蔚为壮观的地下冰洞

冰洞是地底下的一大奇景。世界著名的冰洞分布在罗马尼亚、匈牙利、奥地利和美国等地。

罗马尼亚西北部的阿普塞尼山，石灰岩遍布，山上有许多溶洞。大部分洞穴是一些溶解的矿物质在洞顶、洞底沉积，形成气象万千的钟乳石、石笋等。这里有个名叫斯卡里索拉的洞穴却与众不同，点缀山洞的滴水石是冰。

斯卡里索拉冰洞是高原上的一个灰岩坑，海拔1100米左右。这个竖坑从地面垂直陷落50米，洞底逐渐开阔，分成两个大穴室，称为"大堂"和"教堂"。它们连接着其他小穴室和通道网，最深处离地面有120米。许多坚冰把大堂和教堂装扮得各有特色。大堂内有一座高 18 米的冰崖,冰崖脚下是一个"冰池"。教堂内是一簇簇的冰笋,由从穴顶缓缓滴下的水凝结而成,有些冰柱长达 1.8 米。

冰　洞

奥地利的洞穴景观享有盛名,而奥地利的冰洞更是世界闻名。它长年坚冻不化,蔚为奇观。萨尔茨堡冰洞是世界最长的冰洞,洞长 42 千米,被称为"巨大的冰世界"。

洞顶由氧化铁染得通红,洞壁悬着冰瀑;冰块奇形怪状犹如雕刻;下垂的纤维般的钟乳石,看上去像优美而精细的纱帘。

奥地利南哥勃格山里有一处冰顶洞,是对外开放的最高的"游览洞"。人们先要经过一条弯曲的道路来到陡坡前,再继续攀登 3 小时,才能抵达洞口。入洞后,石径陡峭,曲折下延;洞中的地面全是冰。人们借着摇曳的电石灯灯光,可以隐约地分辨出一个大致有 20 米宽的暗拱顶轮廓,这是洞中的"巨神童"。从这里穿过去,就进入了充满滴水石体的通道和石室,地面上生有石笋,洞顶垂有钟乳,洞壁充满了软方解石的沉积物,呈现出一片白色。

斯洛伐克的塔特拉山,有个多柏辛斯基冰洞,冰洞长达几千米,里面覆盖着厚达 60 米的冰层,是世界最大的冰洞。冰洞有两个大厅,两个冰的深渊,它们之间有冰的夹道、坑道和冰阶,相互连接。

第一大厅长 1350 米、宽 600 米、高 110 米,里面覆盖着厚厚的冰层,耸立着大大小小的冰柱,在水银灯和彩色灯光照耀下,冰层显得透明、晶亮,仿佛是个水晶宫。

第二大厅更大,中央有个天然溜冰场。大厅的冰壁上,由于冷暖气相交,凝成朵朵霜花,花形突出,在彩色灯光反射下,像四季盛开的千万朵梨花,在争艳比美。

狭长的坑道里，四周都是冰层，在灯光照耀下，像个玻璃走廊。坑道里有160级冰阶向下通到冰的深渊。它有75米深，真是一个惊险的悬崖绝壁。冰渊的边缘下，有条60多厘米宽的裂缝，那下面又是更深的冰渊。

科学家发现，冰洞往往只有一个洞顶的口进出。冷空气从那里进去以后，在洞底越积越多，跑不出去；而洞里的热空气比较轻，浮在上面，最后被赶出洞外。就这样，洞里的地下水、空气里的水分慢慢冷凝成冰，经过长年累月的冻结，变成今天这些巨大的冰洞。

普陀山上的海蚀洞

在洪波浩渺的东海海面上，有一座被白浪烘托的"海上仙境"，那就是"万顷风云浮碧玉，孤插苍溟小白华"的普陀山。

普陀山是浙江省舟山群岛中的一个小岛，西距舟山本岛约2海里（1海里=1852米）。其南北长约6千米，东西宽约3千米，南北狭长，面积约12.5平方千米，最高峰佛顶山，海拔约300米。普陀山虽不高也不大，然风景秀美，可与山东之"蓬莱仙境"相媲美；佛教之盛，可与四川峨眉山等齐名，为全国著名的四大佛山之一。

至宋朝，佛教在我国甚为盛行，而明清之交时，荷兰殖民者侵占普陀山，几度炮火，致使胜迹颓败。清代时，重建有三寺、八十八庵，另外还有128座小型寺庙。普陀山遂成了海天佛国。

普陀山的自然风景绚丽多姿。佛顶山云雾缭绕，妙应诸峰，拾级而上，如登云梯，俯视沧海，心旷神怡。锦屏山巍若屏障，白葩丹蕊，四时开放，掩映如锦。雪浪山双十峰对峙，白石闪烁，犹如积雪。洛迦山孤悬独峙，洞壑幽深，吐纳烟霞，神奇变幻。山上林木葱茏，奇石怪岩遍布；海边金沙海滩，礁石嶙峋突兀。这里气候宜人，四季分明，加上多姿多彩的自然山海景色，自唐、宋以来，吸引了无数名人学士，佛门弟子，四海游人，前来观光。

宋代大文学家苏东坡、王安石都曾作诗，赞咏普陀山的景色。

普陀山的风景名胜很多，令人目不暇接。这里专门介绍一下海岛上的几个洞。

在普陀山沿海的海岸悬崖上，发育了不少海蚀洞地貌。它们是在海浪的长期冲击下形成的。这样较大的海蚀洞在普陀山有三个，它们是潮音洞、梵音洞和朝阳洞。

"两洞潮音"是普陀山一大胜迹，两洞指的是位于岛屿东南部的潮音洞和东部的梵音洞。"静坐听潮音，引颈看海蜃。"潮音洞常可听到，海市蜃楼却难碰见。潮音洞是一个巨大的海蚀洞，深达20余丈，潮水奔腾入洞，声若惊雷。在洞顶的山石上，有一孔穴，谓之天窗，可以看见洞底。佛徒说观音大士常在此现身，洞顶石上镌有"现身处"三字，游人来此既可观赏洞景，又可听一听"空穴来音"。

海蚀洞

梵音洞位于青鼓垒东端，两壁陡峭，高近百米。每当潮水袭来，就会出现"水势奔腾峭壁开，半空雪浪似鸣雷"的壮丽情景。平时，洞内雾霭茫茫，幽泉滴滴。在风和日丽的上午，水雾阵阵，在阳光的照射下，可以折射成五彩霓虹，若隐若现。有人说还能映出远处景物，变幻莫测，故就有了"观音显圣"之说。

不过，去两洞静听潮水声音，已足以使人心满意足。若有运气，能看见海市蜃楼奇观，那真是令人终生难忘了。众所周知，在我国沿海各地，数蓬莱一带海岸上最有可能见到海市蜃楼，其他地方十分少见。据报道："1981年4月28日下午，海上风平浪静，在风景胜地百步沙一带游玩者，突然看见普陀山东面的梵音洞上空，云海茫茫，从中涌现出朵朵五色瑞云。彩云中，缓缓现出一座琉璃黄墙巍峨雄壮的千年古刹。"

海市蜃楼是由于光线经过几层不同的密度的气层而形成的一种自然奇观,一般多出现在春夏两季午后傍晚之际,海面风平浪微之时。

朝阳洞位于潮音洞和梵音洞之间的一个小岬角上,穴口向阳,里面则漆黑无光。由此观赏日出,十分壮观,只见一轮红日如巨车神轮,冉冉上升,腾出海面,努力爬上天空。朝阳洞之名也许是由此而来吧。

普陀山上奇石怪岩,千姿百态,或似动物,或驰或步,或仰或卧,妙趣横生。著名的石景有盘陀石、二龟听法石等。盘陀石在岛的西南部,两石相累如盘,上石如一巨台,下石顶部稍尖,紧紧托住上石,上广下锐,险若欲坠,却稳如泰山,人称"天下第一石"。盘陀石顶部平坦,纵横30余米,可容百人,游人可拾级而上,在这里观赏海景。

二龟听法石,离盘陀石不远,是为两块巨大的山石,状如两只乌龟。一石似龟蹲伏岩顶,回首观望;一石如龟昂首伸颈,缘石而上,两龟一前一后,形象生动可爱。因此,民间便创造了当年东海、西海两龟丞相,听了观音说法,不肯回海,后经观音点化而成正果的神话故事。

在岛的北部山上,还有一块云扶石,高耸云表,危而不坠,下面的巨石上刻有"海天佛国"四个大字,几乎成为普陀山的标志了。

景色奇幻的古巴岛洞穴

被誉为安得列斯之珠的古巴岛,山清水秀,景色宜人,是拉丁美洲著名的旅游胜地。遍布全岛的天然山洞,构成奇妙的地下世界,蔚为壮观。

据说揭开古巴地下世界秘密的是中国人。1861年的一天,一些华工在马坦萨斯东南的一座山脚下劳动,有一位华工手握钢钻在挖掘岩石,当他往下使劲时,钢钻突然从手中滑出,没入地里。华工们感到奇怪,于是就动手把钢钻滑下的小孔挖开,原来下面是一个深不见底的巨大洞穴。这就是著名的"柏拉麦大山洞"。经过勘查,这个洞穴有地下河流和天然桥梁,廊道曲折,景色奇幻。洞中布满奇形怪状的晶体钟乳石和石花。钟乳石的形状有圆形、十字形、O 型、螺旋形等。石花有的像大理花，有的像郁金香。

随着柏拉麦大山洞的发现，150 年来，在古巴各地又先后发现了许许多多山洞。这些山洞有的暗廊回转，有的厅堂宽敞，有的动物成群，有的植物茂盛，有的瀑布飞泻，有的湖水涟漪。真是千奇百怪，千姿百态。

圣托马斯山洞是古巴最大和最美妙的大山洞。由于圣托马斯河的冲击和侵蚀，形成了这条长达 15 千米的地下洞系。全洞由地下走廊构成，洞穴重重叠叠，有的高达 5 层，层层相通。最低一层是圣托马斯河及其支流佩尼亚特河的地下河床。在迷宫似的山洞里，有无数晶莹的钟乳石从洞顶倒挂下来，有的像冰雕玉琢的花朵，有的像银白色的胡子，又细又长垂直飘下，灯光一照，光彩夺目，瑰丽多姿。有的地方异常宽阔，大理石构成的洞顶和洞壁光滑平整，仿佛是人工造就的歌舞厅、娱乐厅，当地农民经常在这样的山洞中欢度节日和唱歌跳舞。

尤其有趣的是，有的山洞洞底宽广平坦，神话般的长满高大的棕榈树，好像是室内植物园。有的山洞里生长着各种野草，是十分理想的天然牧场。

有的山洞中有落差几百米的大瀑布，河水凌空而下，水声轰鸣，震耳欲聋，飞流激起的水珠浪花，如烟似雾，这里蕴藏着丰富的水力资源。有的山洞中有深达几百米的大湖，湖水清澄，平静如镜，湖中成群的盲鱼和小盲虾在游弋划水。如诗如画的洞中山水，真是世界上罕见的奇迹。

形形色色的泉水

法国比利牛斯山脉中，有一个名叫劳狄斯的小镇。小镇附近遍布岩洞，其中一个岩洞后面有一道泉水，是闻名全世界的"圣泉"。这个圣泉有神奇的治疗功效，这已为国际医学组织严格审定和承认。因此，许多身患沉疴，甚至被医学"宣判死刑"的人，都不远千里，来到圣泉。他们在水池里洗个澡，便会使病情减轻，甚至不药而愈。现在，每年来这里洗圣泉浴的人多达 430 万人。

怪山、奇石、异洞、妙泉

我国也有许多这样的药泉，内蒙古呼伦贝尔草原上的乌尼阿尔山的泉水便是一个。每年风和日暖的五六月份，各地的牧民便赶着牛羊，带着蒙古包，从四面八方来到这里避暑和治病。这里的泉水有汽水一样的味道，装在瓶子里，它冒出的气能把瓶顶开。如果有人肚胀，喝上几杯泉水便立见功效。它还能治疗许多疾病。

泉水作为大自然的一种奇泉，以特有风姿点缀江山，美化生活。我国有许多历代烹茶、观景的名泉。江苏镇江的中泠泉，号称"天下第一泉"；江苏无锡锡惠公园的惠山泉，有"天下第二泉"之称，是名曲《二泉映月》的故乡；"天下第三泉"则在江苏苏州的虎丘。此外，还有与龙井茶配伍的浙江杭州的虎跑泉。

在我国北方也有两个"天下第一泉"，都是乾隆皇帝御封的：一个是皇宫里平时饮用的北京玉泉山的泉水；另一个则是皇帝出巡时曾饮用过的山东济南趵突泉。

美国西部的黄石公园有一个老实泉，它每隔一定时间喷射一次，高达60多米的水柱犹如彩虹凌空，成为观赏的美景。这种间歇泉在冰岛有100多个，在俄罗斯的堪察加半岛的一条河谷中就有20多个。新西兰的北岛，1886年，由于火山爆发，带动了7个间歇泉同时喷射，石头、稀泥随着水、气一起飞到了高空。我国西藏昂仁县有一个间歇泉，它在喷发时以45度角斜射到附近一条河的对岸，水柱在河面上形成一座20米长的银白色"拱桥"。还有一个在河底的间歇泉，每次喷出来的热水，把河中的游鱼都烫死了，使这条河成了"死鱼河"。

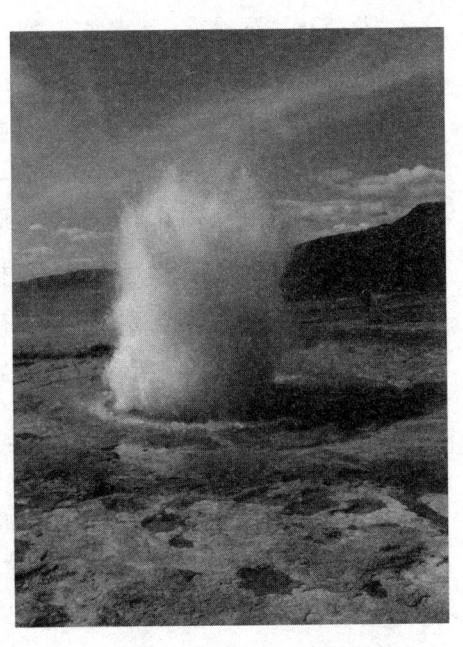

冰岛的间歇泉

还有一些泉水更为新鲜有趣。在我国许多地方有一种"喊泉",尤其在广西的石灰岩地区最多,如兴安县的喊水井,德保县的叫泉,北流县的泥牛泉,富川县的犀泉,天等县的愣特潭等。这些泉水,在人们大声呼叫的时候就应声涌出。安徽寿县的咄泉,则大叫大涌,小叫小涌。贵州平坝的喜容泉,人在旁鼓掌喧哗,泉水就大量冒出气泡。在左边鼓掌,则左边泉水冒出泡;在右边鼓掌,则右边泉水冒出泡。现代科学已经对这种自然现象做出了解释,原来是这些泉水在涌出前已经蓄积在岸洞内的一个将溢的储水池里,当人发出喊叫声或鼓掌声的时候,声波传入岩洞,使处于临界状态的水面受到压力,从而引起泉水流到泉外。

广西桂平乳泉

"花罅石,石罅花。乳泉水,西山茶。此话不与俗人讲,俗人听了要出家。"听了这首赞美乳泉的桂平采茶调,真使人魂萦梦绕,望眼欲穿。

号称乳泉"摇篮"的广西桂平县西山是国家级的风景名胜区,距县城之西约两千余米,是一座东低西高的浑圆状中生代花岗岩山体,其海拔678.6米,为广西中部龙山山脉的一部分。尽管绝对高度不甚高,但与东部海拔仅35米的浔江平原相比,俨然是横亘于桂平县城西的一道巍峨天障。从桂平县城远眺,山中有山,气势磅礴;景中有景,葱茏可爱。乳泉出露于西山山腰的龙华寺左侧。一棵根须裸露的大树盘根错节在一块花岗岩巨石之上,碗口粗细的赭红色树根顽强伸入地下,巨石之下便是乳泉。旁边的石碑上刻着"乳泉"两字,为古人所书。泉池深、阔近1米。半池碧液,清澈见底,冬不枯,夏不溢,水量稳定。据《得州府志》记载:此泉"清冽如杭州龙井,而甘美过之,时有汁喷出,白如乳,故名乳泉……"

桂平乳泉的白色并不是所含矿物质成分造成的,而是交融于水中的极细小气泡,与地下水一起出露于地表时所呈现的视感。据化验证实,构成乳汁气泡的气体系惰性气体——氡。然而氡又是如何进入泉水里呢?原来孕育乳

怪山、奇石、异洞、妙泉

泉的桂平西山,由庞大而坚硬的花岗岩体构成,花岗岩裂隙发育,纵横交错,相互连通,有利于大气降水的渗入,形成裂隙含水质。桂平县年降雨量高达1780毫米,四季湿润,保证了乳泉有源源不断的补给水源。花岗岩体又是富含放射性元素的铀岩石,铀经过一系列衰变,可产生无色、无臭、无味的惰性气体氡。生成的氡气一部分溶于水中,一部分存身于裂隙壁上,当条件适宜时,裂隙壁上的氡进入流动的地下水,形成气水混合物泄出,使泉水跳珠走沫,呈现出"色白如乳"的"汁"液。但由于受岩石裂隙系统制约生成的氡数量有限,不能连续不断地进入地下水中,所以"喷汁"过程历时较短,一般仅几分钟或数十分钟,且只能"有时发生"。

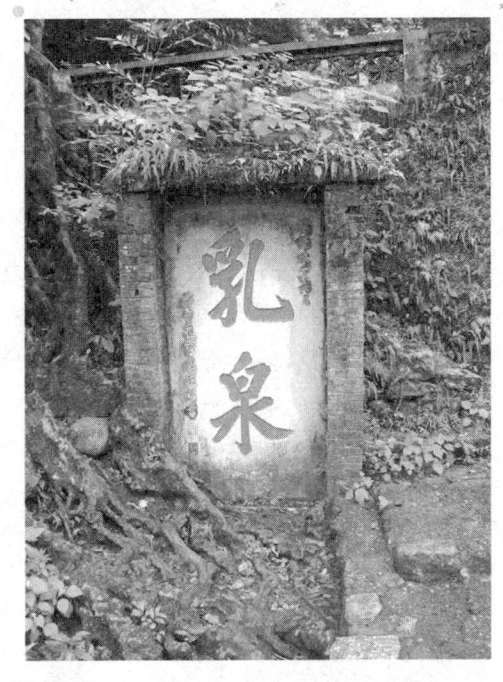

桂平乳泉

据报道,1975年8月的一天早上,滂沱大雨之后,乳泉曾发生过一次罕见的"喷汁"过程,历时竟达两小时之久,实属少见。

乳泉水中含有少量的钾、钠、钙和较多的天然氧,喝起来清淡爽口,略有甜味,对人体消化机能有一定调节作用。被誉为"广西茅台"的乳泉酒就是用它酿制的,无色味醇,驰名中外。用乳泉水制作的"罗汉果露"、"可口可乐"等饮料,味道佳美,颇具盛名。而用乳泉水泡饮西山茶,则特别清香可口,被赞为一绝。

荆山北麓白乳泉

出露于安徽省怀远县城南郊著名的荆山北麓的白乳泉，因"泉水甘白如乳"而得名。白乳泉的泉坑后缘有两人方可合抱的古榆树一株，荫翳蔽日，虽炎夏盛暑，泉水周围也凉爽异常。泉水自石隙中流出，在口径约1米多的石坑中形成一泓碧液，清澈透明，泠泠如镜，毛发可鉴。

据文献记载，宋朝大文学家苏东坡曾率领其子苏迨、苏过来此游览，考察品味泉水，并写有《游涂山荆山记所见》诗。诗中用"牛乳石池漫"之句来描绘所见泉水。诗后自注中也说："泉在荆山下，色白而甘。"可见，苏东坡确实看到了泉水色白如乳。那么，为什么至今我们通常只看到无色透明的泉水呢？白乳泉的"乳白色"何时出现，又是如何形成的呢？

怀远白乳泉

荆山是一座花岗岩一类（白岗岩）岩石组成的山体，这类岩石受风化作用，地表部分会形成白色的高岭土，在大雨滂沱之时，高岭土的细小颗粒可以悬浮在雨水之中，污染水体并随水一块流动，或汇入地表河流或渗入地下，使水呈现出"牛乳"状。由于地层的过滤作用，这种悬浮物质往往被分离出去，使涌入泉坑的水无色透明。但也有一些距地表较近和泉口相通的宽大裂隙，可以将没有经过过滤的雨水输入泉坑中，使泉水浑浊发白。这可能就是苏东坡所记白乳泉"牛乳石池漫"的形成机理。根据住在白乳泉旁边达51年的王振芳老人讲，白乳泉平时清澈，雨后涌乳，特别是滂沱大雨之后，泉的涌水量增大，泉水发白，水味变差。这一说法佐证了苏东坡所记白乳泉能涌"乳"。

白乳泉，背依荆山，面临淮河。东和禹王庙隔河相望，西与下和洞同山为邻，泉左建有"望淮楼"。登楼远眺，淮水滚滚，行船如织，意趣盎然，正如楼联所云："片帆从天外飞来劈开两岸青山好趁长风冲巨浪，乱石自云中错落酿得一瓯白乳合邀明月饮高楼。"

初夏，山麓的千万株石榴向阳怒放，花红似火，斑斓如锦，景色迷离，清幽宜人。白乳泉内含有多种矿物质，烹茶煮茗，芬芳清冽，甘美可口。苏东坡游白乳泉，把它誉为"天下第七名泉"。

能煎出盐的泉水

盐泉，原名"白鹿泉"，因传说是一头白鹿发现而得名。相传在很久以前，有个猎人在大巴山南麓的森林里追赶一头浑身似雪的白鹿，追来追去，追到了现在四川东部与湖北毗邻的巫溪县境内，大宁河西岸的宁厂镇猎神庙前。正当猎人搭弓欲射时，白鹿突然不见了，眼前却腾起一圈圈银色光环。

原来面前是一个山洞，有一股清净的泉水正汩汩从洞中流出。猎人正渴，急忙蹲下去舀水而饮，不料泉水极咸，难以下咽，于是发现了这处奇异的"盐泉"。

据史书记载："汉水平七年（公元64年）尝引此泉于巫山，以铁牢盆盛之。"这说明，早在1900多年前的东汉时期，盐泉就已被开发利用了。当时，除了用"铁牢盆"（铁锅）煎盐，还在大宁河龙门峡西岸的峭壁上，修建了一条长达百余千米的栈道，人们用捕竹相接铺成管道，将盐泉之水引到巫山县大昌镇去煮炼。东汉以后，人们在盐泉出口处安装了一个口衔宝珠的石雕龙头，盐水从宝珠两侧注入盐池，盐池下方有出口，再以竹笕导至煎灶。据当地老辈人传说，明末李自成领导的农民起义军，曾把大宁河中游的大昌镇作为根据地，起义军一面打击明朝官兵，一面引泉煎盐，以供军需。到了清代，宁厂镇以泉煎盐生产已具相当的规模了。乾隆年间（公元1736年至1795

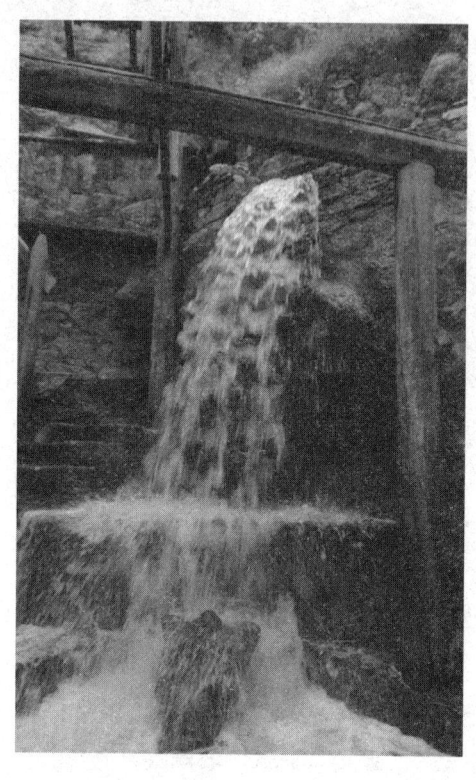

盐 泉

年）当地已报灶 336 座、煎锅 1081 口，号称"万灶盐烟"。其生产和贸易的盛况是："利分秦楚城，泽沛汉唐年。喷流千尺雪，香满一溪烟。碧蟑连村湿，红炉彻底煎。黄金走万里，但看往来船。"新中国成立后，在宁厂镇建了巫溪盐厂，该盐厂的原料，就是盐泉之泉水。煮泉成盐，所产泉盐畅销川东、鄂西各地。

泉水何以能煎出盐？这是由于地下水在活动过程中，遇到了含有大量氯化钠的岩层，氯化钠被地下水溶解后，就变成了含盐度很高的"盐泉"，其浓度往往高于海水，水味极咸。这些盐水通过岩石裂隙或断层涌出地表，就形成了奇异的"盐泉"。由于"川东古刹之冠"的宁厂镇猎神庙盐泉具备了上述水文地质条件，所以巫溪盐厂用盐泉水就能煎出洁白如雪的食盐来。

鱼泉、虾泉景观

喷鱼泉位于河北省涞水县境内的国家级风景名胜区——野三坡，其中心区有一眼"鱼骨洞泉"，系永久性独眼巨泉。泉水从山石窟中流出，喷泉口直径约 30 多厘米，水质极为清澈，自然流量为每秒 0.3 立方米以上。

每年农历谷雨前后，从泉口会随水喷出活蹦乱跳的鲜鱼，数量不少，每年达 2000 斤左右，甚为可观。这种鱼如候鸟一样，年年按时流出，9 月鱼又复归山洞越冬,成为京畿鱼泉奇观,又堪称河北"八大怪泉"之一。

据报道:从泉里"飞"出来的"丙穴鱼"不只限于河北涞水县,四川、湖南、湖北等地都有不少"泉涌鱼飞"的鱼泉奇观。如江西武宁县宋溪乡山口村有一泉水洞,高1.5米,宽2米,人弯腰可入内,十多米后洞口渐小,从洞内流出一股清泉,四季不竭。有趣的是,每年五六月间,有成群的鱼随泉水涌出,出洞后结伴嬉戏,游一段路程后鱼群就不再往下游了,然后掉头逆水而上,返回洞中。

广西壮族自治区首府南宁市西北120千米的右江(西江支流)北岸的平果县城西虾山脚下,有一泉口,泉口离江边很近,泉水清澈明净,淙淙下流,注入右江。每年农历三四月夜深人静之时,密密层层的虾群云集在右江水和泉水汇合处以上的浅水洼里,争先恐后地逆水奋进。被泉水冲下来的,一次不成,又两次三次拼力冲锋,那种勇往直前的精神,真叫人叹为观止。待它们冲上泉口后,便以胜利者的姿态,悠哉悠哉地入泉水深处,从此便不知何时再出泉了。这就是有名的"虾进泉"。

这里虾的奇特习性是"江里生泉里养"。右江是其"老家",虾泉则是它们的别墅。当地村农据数百年来祖传经验,总结出:"白天虾公不离窝,天越黑暗虾越多。三月四月无月夜,一夜来虾两大箩。"夜间只要在泉口安上一个虾笼,坐在泉边"守笼待虾",经两三个小时,便可不"捞"而获十几千克虾。其实夏秋季节本来也有虾,因泉口被上涨的江水淹没,虾笼无用武之地,只能在虾泉旁边用网来捞,也可满载而归。只有冬季虾少且又瘦。

"水火同源"泉

在我国台湾省台南县自河镇东部约8千米的关子岭北麓,有一处"水火同源"壮景,泉水从那黝黑的岩石缝里涌出,水温高达84℃,水色灰黑,水味苦咸。俗话说"水火不相容",然而这里的泉水流进一个小池里,滚滚如沸,浓烟从水中腾起,高三四尺,只要在水面上点燃一根火柴,火焰就能在水中燃烧，连水池边上的岩石，都被烤得黝黑。正因为该泉有水中出火的罕见奇景，令前来观览者惊得目瞪口呆，人们称它为水火同源，又叫水火泉。

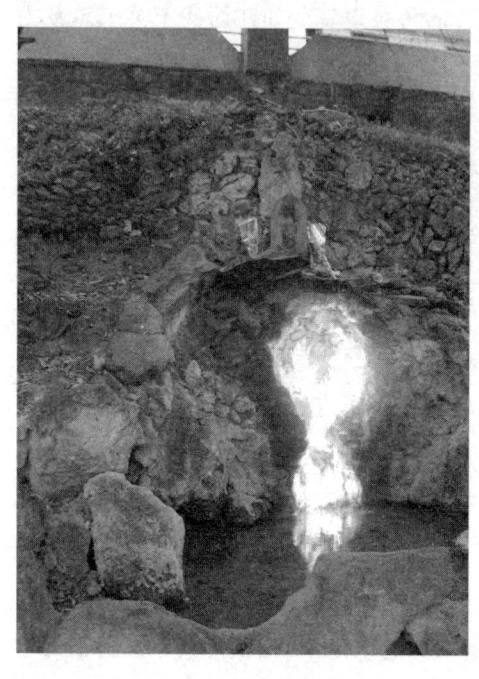

水火泉

泉水为什么能点燃呢？这是由于地下水中含有可燃性气体成分的缘故。地下水是一种天然溶剂，含有各种矿物成分、气体成分和微生物等。根据地质学家的研究，台湾省正处在世界著名的"环太平洋火山地震带"上。这些断层的底部靠近地下岩浆热源，地下水被烘烤加热后，变成温度很高的热水和蒸汽，涌出地表，形成台湾岛上100多处形形色色的温泉。

岭温泉所在的地层，分布着含油气的泥质页岩层，在地热等条件作用下，不断产生着主要成分为甲烷的天然气。贮存于地壳较深部位，属于还原环境，由于巨大地层压力的存在，产生的甲烷不断进入地下水中，其数量相当可观。与地下水"合二而一"之后的甲烷，和地下水一起迁移，而后沿着大断层上升到地表。在标准状况下，甲烷的密度是0.717克/升，极难溶解于水，很易点燃，在空气中安静燃烧，放出大量的热。含甲烷的地下水出露地表后，因压力条件发生了变化，于是和水又"一分为二"，甲烷自水中逸出。由于甲烷无色易燃，故着火时好像水在燃烧似的，使水火不相容的两种物质在泉池中呈现出水火相容奇观——水伴火之泉。

水火泉泉水本身含有多种矿物成分，长期沐浴，可治疗各种皮肤病和风湿性关节炎等。所以泉区一带成为台湾宝岛上著名的游览疗养沐浴胜地。

怪山、奇石、异洞、妙泉

"成双"的泉

江西省于都县紫阳观有一眼双味泉,每月单日泉水味酸;双日水甜。一年四季皆是如此。四川省长宁县双井泉,泉内有两道水脉,水味一淡一酸,如若堵住一脉,另一脉也停止了流水;放开一脉,另一脉又重新涌泉。

四川省新宁县多喜山上有一对雌雄泉,一泉春、夏有水,秋、冬无水;另一泉春、夏无水,秋、冬有水。

四川保宁巴州的观音泉,泉内有两个洞,一洞水浑浊不堪,另一洞水晶莹澄澈。

艾县辅山有冷、温二泉,相距仅仅数尺,热泉中可煮熟猪肉和鸡、鸭;冷泉则常年如冰霜。

在湖北荆门市西北角的象山脚下,有一片古幽清奇、错落有致的古建筑群——龙泉书院。碧波粼粼的泉水穿桥过洞,环流于书院内外。俯身细看,那出没于冷、温合一的龙泉小泉群之中的"石头鱼"颇为特别;飘浮于清泉之上的水金莲生趣盎然。此泉群由蒙、惠、龙、顺四泉组成。相传隋、唐、宋时期,蒙泉与惠泉即已闻名遐迩。蒙泉在北,为冷泉;惠泉居南,是温泉。

顺泉相传为南宋时所发现,由于以孝顺著称的楚老莱子曾隐居泉畔,"顺故名泉"。根据此小泉群冷、温合一的特点,人们已在泉区建起了游泳池。沐浴在这绿得醉人的美酒般的泉池中,谁能不心旷神怡呢!自从隋文献皇后在泉畔始建月亭之后,迁客骚人沓至纷来:南宋理学家陆九渊曾来泉边讲学布道;陈子昂、欧阳修、黄庭坚、张垓……的题诗刻字在泉畔比比皆是。

河流、湖泊、海洋的奇闻趣事

> 从太空遥望我们的家园时，会惊奇地发现地球是一个呈现蔚蓝色的水球。的确，地球是个名副其实的"水球"，在地球5.11亿平方千米的总面积中，海洋占了约78%，面积达到了3.62亿平方千米，而且还连成了一片，各大洋彼此相通，形成一个统一的世界大洋，所以地球表面不是陆地分割海洋，而是海洋包围着陆地。
>
> 在亿万年的地球演变史上，地球形成了奇特的各种各样的地貌，其中包括形形色色的河流、湖泊和海洋。再加上彼此不同的区域范围内的地质地形的影响，进一步形成了各具特色的海洋、河流、湖泊的奇特景观。关于这些河流、湖泊、海洋的奇闻趣事会让我们更加了解它们，喜爱它们。

奔腾不息的"世界河王"

1540年，一支西班牙殖民者探险队为了在南美洲寻找传说中的"黄金国"，翻过安第斯山，从一条河流的上游乘船而下，途中遭到当地印第安人的袭击，勇猛凶悍、骁勇善战的印第安妇女使他们联想起希腊神话中有关亚马孙女人国的故事，便把这条河取名为亚马孙河。

这是一片日夜奔腾，长达6400多千米（如按溯源取远的办法计算，其总长度应为7025千米）的淡水海洋，其声势之大，是无与伦比的。丰沛的降水、聚水的地形以及利于水系发育的广阔空间，使它的流域面积达700多万平方千米，约占南美洲总面积的40%。1000多条支流（其中有几条支流长度在1500千米以上）汇成一体，使它每年泄入大西洋的水量达3800立方千米，相当于刚果河的3倍多，超过密西西比河10倍，是尼罗河的50倍，占世界河流入海总水量的1/5。亚马孙河在不到3小时内注入大西洋的淡水可满足一个450万人口的国家（如以色列）一年全部工农业生产和生活用水的需求。所以，亚马孙河是世界上流域面积最广、流量最大的河，当之无愧的"世界河王"。

亚马孙河"体态"格外宽阔，又是世界上最宽的河。在离入海口1500千米的内陆地区，河面常有10多千米宽，雨季则达40千米宽。在它的入海口，河面宽达300多千米。远洋轮船溯流而上，航行3700千米，可以抵达秘鲁的伊基托斯，几乎穿过整个美洲大陆。由于亚马孙平原地势低平坦荡，一到洪水季节，河水排泄不畅，常使两岸数十千米乃至数百千米的平原、谷地形成一片汪洋，亚马孙河因此获得了"河海"的称号。亚马孙河河口呈一巨大的喇叭状，大西洋的海潮可溯河流入内陆900～1300千米。大潮时，常形成5米高的巨浪，呼啸而上，气势磅礴，景色壮观。当地印第安人称这种大潮为"亚马孙奴"，亚马孙河即得名于此。这是亚马孙河名称由来的又一说。

亚马孙流域多属热带雨林气候，这里是世界最大的热带雨林区，面积约占世界雨林总面积的1/3。它制造了地球上1/3的氧气，故被称为"地球之肺"。在这个巨大的天然热带植物园里，植物的种类不下20万种，仅被发现的树木就达一万多种。这里有高达七八十米的"望天树"，有世界上叶片和花朵最大的植物王莲（叶片直径达2.5米，花朵直径达30厘米）。在那浩瀚的林海之中，栖息着许许多多的奇异动物。如会爬树的美洲豹、松鼠那么大的狨猴、体态轻盈的虎猫、身披"盔甲"的犰狳；还有大得能捕捉飞鸟的蜘蛛、在树上过着倒吊生活的树懒、靠长爪和喙突的鼻子挖穿坚硬的蚁巢以蚂蚁为食的大食蚁兽。在亚马孙河生存着两千多种鱼类，占世界淡水鱼种类的一半以上，其中不少是亚马孙河特有的鱼种。如珍贵的哺乳类水

大自然趣闻

生动物——牛鱼，其体型尤其是头部酷似水牛，胸部长着一对如拳头大小的乳房，其胃也有四室，肉味兼有鱼、牛两种味道，故被称为牛鱼。在当地，牛鱼被视为"爱神"。

自古以来，在亚马孙河地区流传着一种风俗：一个女子如果看到一条牛鱼连续跃起三次，就

犰狳

是喜兆。所以当地一些久婚不孕的女子都偷偷来到河边，痴心地望着河水，盼望喜兆降临。

热带雨林

一般认为热带雨林是指阴凉、潮湿多雨、高温、结构层次不明显、层外植物丰富的乔木植物群落。热带雨林主要分布于赤道南北纬5~10度以内的热带气候地区。这里全年高温多雨，无明显的季节区别，年平均温度25~30℃，最冷月的平均温度也在18℃以上，极端最高温度多数在36℃以下。年降水量通常超过2000毫米，有的地区竟达6000毫米，全年雨量分配均匀，常年湿润，空气相对湿度90%以上。

壮观的尼亚加拉大瀑布

北美洲的尼亚加拉河是汇通五大湖水的一条河流，伊利湖流水在汇集了苏必利尔湖、休伦湖和密歇根湖3大湖水之后，从这条河流往安大略湖。河流只有56千米长，但河谷狭深陡峭，形成一个很深的断层。河东是美国的纽

约州，河西是加拿大的安大略省，大瀑布就坐落在这里。

尼亚加拉河上游地势平展，河面宽阔，水深流缓。可是在距瀑布不远处，河道变窄，水流加速，河水落差骤然间就猛增到15米。随着地势的起伏，这股湍急的水流被一座位于加美边界的"山羊岛"隔开：水势最猛的一股流入加拿大境内，呈马蹄形，这就是闻名世界的尼亚加拉大瀑布，它的宽度为750米，落差52.8米；水势较弱的一股是美国瀑布，它的宽度为330米，落差55.2米。尔后，这两个瀑布的水流就以排山倒海之势、雷霆万钧之力注入尼亚加拉河下游。尼亚加拉河为加美两国共有，尼亚加拉河主航道中心线为加美边界。在这条和平边界上，双方不设一兵一卒，

尼亚加拉大瀑布

两国人民自由往来。设在尼亚加拉河两边的姊妹城市都叫尼亚加拉瀑布城。遗憾的是，美国居民在本国境内看不到自己的瀑布，他们必须驱车穿过彩虹桥来到加拿大境内，才能观赏到大瀑布的壮丽景色。

在这里，人们既可以乘坐游艇驶向大瀑布，在它面前经风雨、见世面，又可以乘坐电梯穿过72米深的地下隧道，钻到大瀑布脚下，倾听惊涛骇浪的怒吼。入夜，相当于42亿支烛光的探照灯从四面八方照射在大瀑布上，异常壮观。此外，还有一景是"天上观瀑"：在河西岸上筑有一座高塔，高约160米，上面是一个可以转动的巨大圆盘饭店，每一小时转动一周，游人可以通过玻璃窗纵览大瀑布的来源去路。

尼亚加拉瀑布城以别具一格的园艺素享盛名，从世界各地引进了很多奇花异卉。如荷兰的郁金香，中国的牡丹，日本的樱花，墨西哥的仙人掌，还有数不清的紫罗兰、百合花和羊齿类植物等。在尼亚加拉下游，距大瀑布不远处有一座巨大的花钟，由2.4万株各种不同的植物构成，它模仿建于苏格

兰爱丁堡的花钟，但体积却是它的3倍，时针和分针自重225千克，秒针长6.3米，自重112.5千克，每隔一刻钟报时一次。

尼亚加拉瀑布城还有为数众多的博物馆和古玩商店，其中以蜡人博物馆最为著名，里面收藏了各国历代名人栩栩如生的塑像数百尊。

大瀑布附近有登山车和游乐场，瀑布南方的塔夫林千岛公园是一个很幽静的池沼群岛地带，可以泛舟、游泳。

"喜怒无常"的尼罗河

埃及是一个古老的文明古国，但是全国90%以上的土地是沙漠，只有尼罗河流经的地域水源富足，形成一条宽约3~20千米的绿色长廊。尼罗河哺育着沿河的居民，古代埃及人在这里创造出高度的文明，所以古埃及人把自己的国家叫做"尼罗河的礼品"。

瑰丽的尼罗河

尼罗河在阿拉伯语中是"大河"的意思。它发源于东非高原布隆迪高地，流经布隆迪、卢旺达、坦桑尼亚、乌干达、埃塞俄比亚、苏丹和埃及七国，全长6600多千米，是全世界最长的河流。在地图上，它的干支流好像一棵倒生的古树，根部在地中海，树干在撒哈拉沙漠，树枝部分在赤道多雨地区。

尼罗河喜怒无常，一年要变好几回颜色。每年的2—5月为枯水期，河水清澈透明。从6月开始，白尼罗河从上游带来许多腐烂的苇草等有机物，使水色逐渐变绿，并散发出一股特别的气味来，这是泛滥前的"绿水"。7月，泛滥期来了，青尼罗河水剧增，浊流奔腾，泥沙滚滚，河水变成了红褐色，称为"红水"。9月份的河水最红。11月后，水位逐渐下降，红褐色逐渐消退。到新年后，河水又恢复清澈透明了。所以当地农民只要一看到河水变色，便知何时该迁往高处避水，何时可搬回去耕耘。

尼罗河沿岸风光优美，自然景观和人文景观相得益彰。在下游的三角洲地区，尼罗河两岸一片苍翠，河面上缕缕雾气，阵阵微风和着茉莉花香拂面而来，沁人心脾。在开罗市区，尼罗河两岸大厦林立，树木葱郁，各种各样的花卉散发出浓郁的花香。尼罗河上七座大桥犹如七道彩虹飞架两岸，把古城的交通连接了起来。在开罗以南约13千米的尼罗河西岸，矗立着世界七大奇观之一的埃及金字塔。在埃及南部的尼罗河畔，有著名的风景区阿斯尤特，世界上最负盛名的考古城市卢克索，世界闻名的绿城阿斯旺。卢克索附近古迹到处可见，有许多气势雄伟、扑朔迷离的神庙，埃及有将近1/6的文物是在该地区出土的。阿斯旺城距阿斯旺大坝10千米。著名的阿斯旺大坝，像空中花园似地悬架在尼罗河上，坝高111米，长3830米，底宽980米，顶部宽40米，历时10年半，耗资约10亿美元，动用土石4300万立方米，相当于大金字塔的17倍。大坝气势磅礴，犹如横跨尼罗河上的巨大彩虹，被人们称为"堪与法老时代的金字塔并列的埃及世纪性工程"。

能够自洁的恒河

恒河是印度的第一大河。多少年来，它为印度带来舟楫之便和灌溉之利。肥沃的恒河平原，一向是印度的主要农业区。恒河世世代代用它丰富的乳汁，慷慨地滋润着广阔的大地，哺育着千千万万的恒河儿女，浇灌出灿烂的文化。恒河是印度古代文明的摇篮。印度人民尊称它为"圣河"、"印度的母亲"。占印度人口80%以上的印度教徒称它为"恒妈"。

印度教徒对恒河怀有强烈的信念：只要在恒河里沐浴，心中的邪恶和晦气都将洗刷干净，要是在圣河的岸边寿终正寝，来世必将享福无穷。因此，印度教徒在恒河中"洗罪"

印度教徒一生中最大的夙愿就是到圣河边的圣地朝圣，以喝到无比洁净的圣水，到恒河沐浴洗刷自己的过失。

这当然是一种宗教信仰。但是恒河水也确实有点"神"。科学家对恒河曾进行了一系列研究。一位英国医生曾发现，从加尔各答开往英国的船舶所载的恒河淡水，虽行程万里仍保持新鲜而不腐，而其他地方的河水则不行。一位法国医生也曾对恒河中漂浮的痢疾和霍乱病尸进行过检验，结果惊奇地发现，在尸体之下本应被污染的水中，这类病菌竟消踪匿迹。这位医生还发现，当取痢疾菌和霍乱菌进行培养，然后加入恒河水，几天之后，细菌竟全部死光。

是什么原因使恒河之水如此之"神"呢？原来是恒河河床中存在放射性矿物质铋214微量元素，它是铀238的放射蜕变产物之一。这极小剂量的放射性物质，能杀死恒河水中99%的细菌。同时，恒河水中还存在噬菌体，它附在菌细胞壁上并把细菌吞吃掉。此外，在河床上还存在具有杀菌性能的重金属化合物。这几方面的原因，都使恒河水具有自洁的功能。

 ## 变幻8种颜色的多瑙河

你多愁善感，
你年轻、美丽、温纯，
犹如矿中闪闪发光的金子，
真情在那儿苏醒，
在多瑙河旁，
美丽的蓝色的多瑙河旁。

这是诗人卡尔·贝克的诗句,一首颂赞多瑙河的青春和美丽的诗篇。

"圆舞曲之王"约翰·斯特劳斯就在这种意境的孕育下,写出了充满活力、抒情优美的《蓝色多瑙河圆舞曲》。那美妙的旋律把人们带到了美丽的蓝色的多瑙河。

多瑙河,发源于德国西南部黑林山东坡,向东流经奥地利、捷克、斯洛伐克、匈牙利、保加利亚、罗马尼亚、乌克兰等国,注入黑海。

这是欧洲流经国家最多的一条国际河流,也是世界上流经国家最多的河流。有关多瑙河的来历,有一段悲壮的传说:武艺高强的壮士"多瑙伊万"娶了巾帼英雄娜塔莎为妻,总以为自己武艺胜过妻子一筹,却没想到在一次正式比武中被妻子一举击败。他恼羞成怒,一箭将妻子射死。当多瑙伊万恢复理智之后,懊悔不已,最后也饮剑自杀。他的血流成了多瑙河,即今日的多瑙河所在。

美丽的多瑙河

大自然中的多瑙河风光旖旎,秀丽多姿。特别是在奥地利,多瑙河最富有诗情画意。美丽的多瑙河从阿尔卑斯山谷中奔流而出,流淌在"世界音乐之都"——维也纳的身旁,穿越那苍翠而幽静的维也纳森林,树林、野花、绿草把蓝色的多瑙河打扮得更加美丽。听:"迎着那朝霞的光芒,小溪流水潺潺地响,美丽富饶的绿色森林,轻轻地在歌唱。蜜蜂飞向花丛中,那儿有铃兰花在开放,露珠闪闪发光。……小鸟在森林里尽情歌唱,悦耳歌声四处荡漾,朝霞光芒中夜莺向太阳歌唱。"蓝色的多瑙河,维也纳森林,多少艺术家们为你歌唱,为你倾倒。

人们把多瑙河称作"蓝色的多瑙河",其实它是一条多彩的变色河。它的河水在一年中要变换8种颜色:6天是棕色的,55天是浊黄色的,38天是浊绿色的，49 天是鲜绿色的，47 天是草绿色的，24 天是铁青色的，109 天是宝石绿的，37 天是深绿色的。真是一条奇特的变色河。

形形色色的奇特河流

世界上的河流形形色色，多种多样。有的水流浩荡，激流澎湃，有的涓涓细流，淙淙有声；有的河流奔向海洋，有的消失在盆地和湖泊之中；有的河流清澈见底，有的河流浊浪滚滚；有的河流定期泛滥，有的河流每年有凌汛；有的河流变为"地上悬河"，有的河流成为"九曲回肠"；有的河流时而消失不见，时而呼啸而出；有的河流行踪不定，经常改道。形形色色的河流同大自然中的地形、气候、植物等，有着密切的关系，它们之间既相互联系，又相互制约。

世界上的河流绝大多数有源头，也有归宿。有趣的是，有些河流却没有"尾巴"，这是亚洲内陆和干旱荒漠区的内陆河的一个显著特征。

我国西北地区的弱水、塔里木河、玛纳斯河、和田河、克里雅河、孔雀河、车尔臣河，中亚细亚的楚河、萨雷苏河等，都是断了尾巴的河流。它们从祁连山、昆仑山、天山等高山奔流下来的时候，水量很大，出山口流过冲积扇平原、戈壁滩，由于渗漏，加上这些地方气候干燥，河水大量蒸发，得不到雨水补充，水量越来越少。当河流进入辽阔的沙漠区，河水被干渴的沙漠吞噬掉，河流就消失不见了。

在石灰岩广布的地区，还有没头、没尾的河。我国广西、贵州山区，有些河流在山间蜿蜒曲折流泻，突然它在山前消失啦！在一些寸草不生、滴水不藏的石山脚下，又突然会冒出滚滚的流水，成了一条新河。这是地下暗河（又叫伏河）耍的把戏。原来，在高温多雨的石灰岩地区，在漫长的地质时代，由于地球内力和外力的作用，地下岩层形成断裂带、溶洞、落水洞，发育成或长或短的地下河。

广西都安县地苏乡有一条不见天日的暗河，有一条干流和十多条较大的支流。干流源出都安西北部的七百弄山区，沿岩层断裂带从西北向东南流，流程长45千米，汇水总面积为1000平方千米。这条地下河在红渡以西的青水出口，注入红水河。它最大的流量为每秒390立方米，最小流量为每秒4立方米。

还有更奇妙的河——潮水河。这不是一般每天受潮汐影

暗　河

响而时涨时落的水流现象，而是另一种与潮汐无关的河水涨落奇景。我国湖北西部的神农架天然林区，是著名的自然保护区，面积3200平方千米，传说是我国古代的神农氏遍尝百草的地方。这里有不少地方是石灰岩分布区，有峰林、孤峰、溶洞、溶岩泉、地下河等岩溶地貌。有条潮水河，来自一个大山洞内的岩溶泉，河流虽小，却有个奇特的景象：河水每天日出、中午和日落时定期涨落，涨落的周期为6小时。每次河水涨时，持续30分钟，比平时的流量大2倍，水流仍旧碧澄清澈。河水的定时涨落不受外界旱涝天气的影响。这是怎么回事呢？人们推测，潮水河的源头可能有两个或两个以上的泉眼，包括间歇泉（或虹吸洞）和非间歇泉两种。非间歇泉供给了常流的河水，而间歇泉则供应了涨水的水。

间歇泉

间歇泉，指一种间歇喷发的温泉。平日里，泉干水涸，滴水不见，一段时间后，喷泉涌波，爆发出隆隆声响。一段时间之后，又销声匿迹，很快滴水不见。或一日多次，或多日一次，多在清晨、午间、暮昏出水。适宜的地质构造和充足的地下水源是形成间歇泉最根本的因素，此外，还要有一些特

殊的条件：（1）间歇泉必须具有能源，地壳运动比较活跃地区的炽热的岩浆活动是间歇泉的能源。（2）要有一套特殊的供水系统。

世界上最大的天然沥青湖

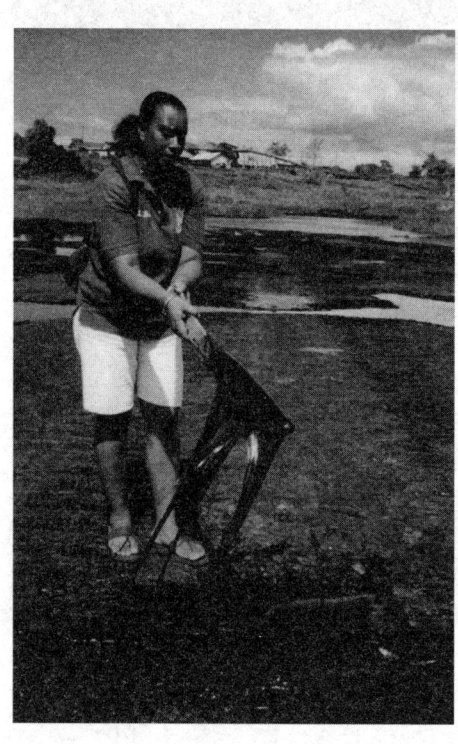

沥青湖

在拉丁美洲有一个神奇的湖泊叫披奇湖，它坐落在加勒比海上多巴哥的特立尼达岛，距首都西班牙港约96千米。这个被高原丛林环抱的湖泊，面积达46公顷之多。奇怪的是这个湖没有一滴水，有的却是天然的沥青，因此人们称其"沥青湖"。该湖黝黑发亮，就像一个巨大精致的黑色漆器盆镶嵌在大地上。湖面沥青平坦干硬，不仅可以行人，还可以骑车。湖中央是一块很软很软的地方，在那里，源源不断地涌出沥青来。因此，被人们誉为"沥青湖的母亲"。

这个湖的神奇之处在于湖中沥青"取之不尽，用之不竭"。自1860年以来，人们已不停地开采了100多年，被运走的沥青多达9000万吨，而湖面并未因此而下降。据地质学家考察和研究，该湖至少深100米，如果按每天开采100吨计算，再开采200年也不会采尽。它是目前世界上最大的天然沥青湖。如此神秘的沥青湖是怎样形成的呢？

随着科学技术的发展，这个湖的奥秘终于逐渐被揭开了。现已查明，该沥青湖的形成是由于古代地壳变动，岩层断裂，地下石油和天然气涌溢出来，经长期与泥沙等物化合而变成沥青，以后又不断地在海床上逐渐堆积和硬化，形成了如今的沥青湖。从沥青湖的形成过程，也可反映出该地区的历史演变和发展。在采掘中，人们曾发现古代印第安人使用过的武器、生产过程以及生活用品，还采掘出史前动物的骨骼、牙齿和鸟类化石等。

1928年，该湖湖底突然冒出1根4米多高的树干，竖立在沥青湖的中央。几天以后，树干才逐渐倾斜沉没湖底。有人从树上砍下一断树枝，经科学家们研究考查，发现这棵树的树龄已有5000多年了。

贝加尔湖的世界之最

镶嵌在俄罗斯西伯利亚中南部群山环抱中的贝加尔湖，对居住在它周围的布里雅特蒙古人来讲是个"圣海"，对科学家来说，则是一个迄今未找到答案的"疑案"。贝加尔湖在中国古代被称为"北海"，著名的苏武牧羊的故事就发生在这里。

贝加尔湖是世界上最深的淡水湖。它南北长636千米，东西宽79千米，面积达31500平方千米，最深处可达1647米，底部的沉积层也最厚，厚达7000米。

由于它面积大，湖水又特别深，因此淡水储量高，蓄水量达23000立方千米，占地球表面淡水总量的1/5，超过波罗的海的水量（贝加尔湖面积仅为波罗的海面积的1/13），比北美著名的五大湖加在一起的淡水储量还要多，可谓世界上最大的淡水宝库。在今天世界淡水日渐缺乏的情况下，贝加尔湖的价值就更高了。

贝加尔湖是世界上最"老"的湖泊。世界上绝大多数的淡水湖都比较"年轻"，其"年龄"一般不超过2万岁，但贝加尔湖却是个例外，有2500万岁"高龄"。

贝加尔湖又是世界上湖水透明度最高的湖。它远离工业区和人口密集区，海拔较高（海拔456米），又处于群山环抱之中，因此湖水洁净，其纯净程度

纯净的贝加尔湖

接近蒸馏水。在晴朗的天气,阳光射入湖水几十米深。湛蓝的湖水波光粼粼,环湖群山中的森林茂密葱翠,风景十分优美,环境幽静无污,令人心旷神怡,因而成为俄罗斯著名的疗养和旅游胜地,被誉为西伯利亚的"明珠"。

1988年起,前苏联和美国的科学家联合对该湖进行了新的考察和研究,获得了许多有趣的新发现。其中之一是发现湖水深1500米处还有生命存在,而其他的湖水深300米处就已无生命现象。贝加尔湖1500米深处含氧量依然很高,而其他湖水深300米处含氧量已不足以维持生命。科学家认为,这可能与贝加尔湖水层之间换位、环流有关。正常的湖水一年环流两次,贝加尔湖中湖水的"循环"(即从湖面至湖底之间的循环)却缓慢异常,耗时约8年。贝加尔湖"最陈旧"的水与空气脱离直接接触已达14~16年,其所处的位置却在820米深处。科学家们认为,是这个极为缓慢的湖水环流节奏使那些适应了该湖特殊条件的生命得以生存和繁衍,而且它们已不受干扰地存在了250万年。

贝加尔湖虽远离海洋数千千米,自古以来从未与海洋相通,又是一个淡水湖,但科学家们却发现贝加尔湖中生活着如海绵、菌类、寄生虫、虾、蜗牛等通常只生活在海洋中的生物种类,甚至连生活在北冰洋海域的海豹竟然也在这高山湖泊中繁衍生存,实在是一个未解之谜。与此同时,科学家还发现贝加尔湖底有洞穴和裂缝,地底热气从这些洞、缝中不断泄漏出来,

北冰洋海豹也在贝加尔湖繁衍生存

致使附近的水温增至10℃左右——此种"水底温泉"仅在海洋中才有，以前在任何淡水湖中均未发现过。因此，科学家们认为，贝加尔湖有渐渐变"海"的趋势。据观测，贝加尔湖的面积还在逐年"缓慢但持续"地扩大。科学家预测，贝加尔湖终有一天会变成真正的浩瀚大海。

泾渭分明的努沃克湖

努沃克湖位于美国阿拉斯加州北部的巴罗角上，北面不远就是北冰洋。它长180米，深5.4米。湖水明显分为两层：上层为淡水，水中生活着淡水鱼类；下层是咸水，与海水差不多，里面生活着海洋生物。湖水泾渭分明，分界线就在水面以下1.8米的地方。

努沃克湖的这种怪现象，当地的因纽特人早已知道，但人们一直找不到原因。现在，科学家是这样解释的：努沃克湖原来是一片低洼地，狂风曾将附近的海水及鱼虾刮起来抛到这片洼地中。后来，冰雪融化之后流入湖中，又突然遇到寒冷空气，湖面被封冻了，挡住了风的吹拂，上面的密度小的淡水和下面的密度大的海水难以混合起来。于是就变成了一个奇特的双层湖。

无独有偶，在北冰洋巴伦支海的基里奇岛上有一个麦其里湖，该湖的水域层次共分五层，因此人们称其五层湖。

五层湖的每层水质不同，因而各具自己特有的生物群，构成一个绚丽多彩的湖中世界。五层湖的最底下一层是饱和的硫化氢，它是由各种生物的尸体残骸和泥沙混合而成。在这层中经常产生剧毒的硫化氢气体，其中只生存着一种"嫌气性细菌"，其他生物无法生存。

第二层湖水呈深红色，宛如新鲜的樱桃汁液，色彩十分艳丽。这里没有大的生物，只有种类不多的细菌，它能吸收湖底产生的硫化氢气体作为自己的养料。

第三层是咸水层，水质透明，是海洋生物的领域，这里的生物有海葵、海藻、海星、海鲈、鳕鱼之类。

第四层是淡水与咸水互相混合的水层，生活着海蜇和咸淡"两栖"生物，如水母、虾、蟹以及一些海洋生物。

第五层即最上面的一层是淡水层，这里生活着种类繁多的淡水鱼和其他淡水生物。

海拔最高的的的喀喀湖

在南美洲安第斯山脉的崇山峻岭中，有一个横跨玻利维亚和秘鲁两国的高山湖泊，湖面海拔3812米，那就是世界海拔最高的通航淡水湖——的的喀喀湖。

的的喀喀湖

传说太阳神在的的喀喀湖上的太阳岛创造了一男一女，尔后子孙繁衍，成为印加民族。因为湖区周围群山中蕴藏着丰富的金矿，印第安人用黄金制成各种各样的装饰品随身佩带，便把它取名为丘基亚博（即"聚宝盆"的意思）。有一天，太阳神的儿子独自外出游玩，不幸被山神豢养的豹子吃掉了。太阳神悲痛欲绝，泪流满湖。印第安人同情太阳神，痛恨豹子，纷纷上山猎豹，杀了豹子作为牺牲品，追悼太阳神的儿子。后来，人们又在太阳岛上建起了太阳神庙，把一块大石头象征豹子，放在太阳神神庙里，代替祭祀的牺牲，留给世世代代使用，所以这块大石头就叫"石豹"。"石豹"在印第安克丘亚语中就是"的的喀喀"。所以湖名就由"丘基亚博"逐渐变为"的的喀喀"了。

一般内陆湖都是咸水湖，可的的喀喀湖虽说是内陆湖，却是个淡水湖，湖水清澈甘美，可以饮用。原来，的的喀喀湖附近安第斯山上大量的高山冰雪融水，不断地流入湖内，湖水又通过德萨瓜德罗河向东南方向奔流，进入波波湖，湖内大量的盐分也随之排入波波湖内。

的的喀喀湖是拉丁美洲著名的旅游胜地。这里湖光山色，交相辉映，景色秀丽，引人入胜。泛舟湖上，可以看到许多的的喀喀湖特有的名叫"巴尔萨"的小舟在捕鱼，这种渔船是用当地出产的香蒲草捆扎而成的。还有许多"浮岛"在湖中漂来荡去，上面住着三五户人家。这些"浮岛"并非陆地，而是用香蒲草捆扎而成的。"巴尔萨"和"浮岛"构成了的的喀喀湖上的独特风光。

优美的自然环境，湖区周围肥沃的土地，哺育着世世代代的印第安人，使的的喀喀湖成为古代光辉灿烂的印加文化的摇篮。著名的蒂亚瓦纳科（古印加帝国一支印第安部族的首都）就建在的的喀喀湖畔（后因湖水退走，城市才远离湖岸20余千米）。蒂亚瓦纳科之名在古印第安语中意为"创世中心"，昔日古代印第安人就在这一带发展了灿烂的蒂亚瓦纳科文化，在建筑、雕刻、绘画、几何学、天文学等方面达到了很高的水平。在蒂亚瓦纳科遗迹中，太阳门驰名于世。它用巨石雕琢而成，宽3.84米，高2.73米，厚0.5米。门上饰有花纹，最下一排刻有"金星历"，中央为太阳神像，左右有三行八列鸟人。每年9月22日（南半球春分日）时，正午阳光直穿太阳门，说明当时的蒂亚瓦纳科人已经掌握了高深的天文学知识。在那技术不发达的旷古年代，在当地不产巨石的情况下，蒂亚瓦纳科人是用什么方法运来如此沉重的巨石？是如何雕琢加工这些巨石的？为什么他们的天文学水平如此之高？这些都还是不解之谜。

恐怖的惊马湖和杀人湖

在西藏希夏邦马峰以西的吉隆沟，是人烟罕见的原始森林，沟里的白果湖，面积不到1平方千米，但水深莫测。这里常发现一个奇怪的现象：马一到湖边，就恐怖地嘶叫，转身往回跑。如果逼着马再往前走，它就惊慌地狂奔而去。过了这个湖，就又恢复常态。

1984年6月的一天，驻藏某团郑尚贵副团长和干部战士经过湖边时，马又惊叫起来。此时，他们看到湖水中掀起波浪，水面上露出一个庞然大物的背，像一个大水牛的背，灰黑色，它在水里游动，发出"嘀嘀！"的响声。突然又露出一个形状像大水牛的头，长有角，几秒钟之后又潜入水下去，继续在水中游动。在怪物露面的时候，战马战栗地嘶叫着跑离这个地方；就是在冬天，湖面上结了冰，马经过这里照样受惊，而且，有时还能听到冰下有响动，湖面有一处始终不结冰。

白果湖还不算恐怖，在非洲还有一个杀人湖呢！1988年暮春的一天早晨，西非喀麦隆高原美丽的山坡上，蓝色的耐奥斯湖不知为什么变得一片血红。山下沿坡的草丛里到处躺着死去的牲畜，它们好像被谁从天上抛下来摔死的。耐奥斯湖畔的村落里，显得格外死寂，房舍、教堂、牲口棚都完好无损，可是街上没有一个人走动。村民住房外躺着横七竖八的尸体，屋内也都是死人。有的躺在床上，有的倒伏在厨房的地板上，身旁撒落着没吃完的饭菜。

在离开耐奥斯湖较远的地方，一些昏迷不醒的垂危者反映了惨案发生的经过：昨日傍晚，突然从耐奥斯湖传来一阵阵隆隆巨响，只见一股幽灵般的圆柱形蒸气从湖中喷出，直冲云霄，高达80多米。然后，变成一朵烟云注入下面的山谷，同时一阵大风从湖中呼啸而起，夹着使人窒息的恶臭，将这朵烟云推向四邻的小镇。烟云所到之处，生命都被吞噬。事情发生后，各国的科学家们对耐奥斯湖进行分析研究水样时，发现水中含有相当多的气体，其中98%~99%是比空气重1.5倍的二氧化碳。而当人们从深水处将样品提上水面时，湖面就会像刚打开瓶的汽水那样，嘶嘶作响冒气。

由此，科学家们断言，这是山崩或火山爆发时产生的大量二氧化碳被慢慢溶解在湖水中。久而久之，耐奥斯湖就成了一个含有大量二氧化碳的"定时炸弹"，稍稍地扰动一下，就会轻而易举地触发湖水释放气体。当大量二氧化碳云雾沉到地面时，地面的生命便都窒息而死。

在前苏联的卡顿山里，隐藏着一个神奇的湖泊。湖面明亮如镜，在阳光照耀下，熠熠生辉。如果仔细观察，人们还能看见那银色的湖面时时升起缕缕微蓝色的轻烟。在这里，环境十分幽雅宁静，湖光山色十分秀美，宛若童话般的仙境。

然而，这个美丽的湖泊却笼罩着神秘而又可怕的气氛，人们个个望湖生畏。自古以来，人们称这美丽的湖泊是水妖居住的地方，它常年喷吐着毒气，谁去了谁就会很快被毒死，一旦人或动物掉进湖里，很快就会死去，所以，人们称其"神奇的水妖湖"。多少年来，许多英雄好汉曾想揭开"水妖湖"的神秘面纱，可未走近湖畔，人就会感到恶心头晕，流口水，呼吸困难。如不马上离开，就会死去。因此，无人敢冒死前去。

据说，后来有一位地质学家带着几个助手，戴上防毒面具进行实地勘察，终于解开了水妖湖之谜。原来，这个湖根本没有什么水妖，湖水也不是普通的水，而是水银。那银色的湖面，就是硫化汞在阳光下分解生成的金属汞。

湖上缕缕微蓝色的轻烟，就是在太阳光照射下的水银蒸气。由于水银蒸气毒性极强，能杀死生物，因此，在湖四周的空气中，水银蒸气的浓度很大，凡是人或动物接触久了，就会中毒而死亡。所谓"水妖湖"其实就是"水银湖"。

奇异的三色湖泊

印度尼西亚佛罗勒斯岛上的克利穆图火山山巅，有一个奇异的三色湖，它是由三种不同颜色的火山湖所组成。它们彼此相邻，湖水颜色各异。其中较大的一个火山湖，湖水呈鲜红色，红似鲜花；与其相邻的一个火山湖，湖水呈乳白色，白如牛奶；另一个湖的湖水呈浅蓝色，蓝如长空，水天一色，山景水色相映成趣，

三色湖

美丽无比。

每当中午时分,三色湖湖面上轻雾缭绕,仿佛笼罩着一层薄纱,朦朦胧胧格外迷人。一到下午,整个湖面都是乌云密布,阴沉可怕。据记载,三色湖是由于很久以前克利穆图火山爆发而形成的,呈鲜红色的湖水中含有铁矿物质,呈浅蓝和乳白色的湖水中含有硫黄。

在澳大利亚南部,有一个会变色的湖。一年中,它会变出灰、蓝、黑三种不同的颜色。海洋地质学家认为,主要是由于这个湖水里含有大量碳化钙的缘故。冬季气温低,碳化钙沉于湖底,并凝结成晶体,故湖水呈黑色。夏季温度升高,碳化钙结晶体便慢慢由湖底升起,使黑色的湖水变为灰色。秋天时,碳化钙结晶体几乎全部浮在湖面,由于光的折射原理把蔚蓝色的天空映到湖中,因而使湖水由灰色变成蓝色。

天然的太阳能储存湖泊

在烈日当空、热浪袭人的盛暑,人们都喜欢到江河湖海去洗澡、游泳,好解解心里的闷热。尤其在匈牙利的梅德韦等一些小湖泊里,湖面的水温冷热宜人,但当人们潜入湖水深层的时候,就会被滚热的湖水烫得大叫起来。

原来这些湖泊的湖面一层的水温只略高于20℃,而大约1.3米深以下的水温却高达60℃。这些小小湖泊,并没有地下温泉,上下水层深度相差也并不大,而温度竟如此悬殊。这究竟是什么奇妙的奥秘在作怪呢?

原来,照射到湖面上强烈的太阳光,除极少部分被反射到大气中去外,绝大部分射入湖水里。随着太阳光射入湖水深处路程的增长,光线就会逐渐减弱,最后终于完全被湖水吞没。这就是海洋深层永远是锅底一样黑的缘故。这时,射入湖水的太阳光能转换成水的热能。这一点,我们可以从湖水温度升高看得出来。

然而,一个普通湖泊的水温,实际上并不比外界环境温度高些。那是因为太阳照射而升高的温度,被从湖面吹拂而过的清风和湖面水分蒸发冷却了,即使是较深层的湖水也不会被阳光照射而温度升高,因为温度较高的水层,比重较轻,有一股浮力,并向湖面流动,在湖面冷却后又重新流到湖底……

这种被物理学家们称为自然循环现象,就像一个无形的搅拌器,把湖泊里的水不断地搅拌着,所以湖泊深处的水温始终不会升高。地球上绝大多数类型湖泊都是属于这种性质的。

可是,匈牙利那些奇特的小咸水湖则不同。湖的面层,由流入的溪水不断补充淡水,使面层的含盐量比深层湖水的少,湖水的含盐量随深度的增加而增加。而含盐的湖水比不含盐的湖水重,而且热的含盐湖水比冷的淡水更重。这正如一块用铁压沉而仍能向上浮起水面的木板一样,能够在比重大的盐水里总是在原位静止不动。在这样的湖泊里,就不存在自然循环现象,而且湖泊的贮水量始终保持不变。静止不动的湖水的导热能力也极差,这种在较低温度面层之下的热水层,深度愈大,向周围散失的热量就愈少,因为在它上层的水起着隔热作用。这样,整个湖泊就起着贮存太阳能的作用,因而被人们称为天然的太阳能湖。

天然太阳能湖贮存太阳能的奥秘,早已在上个世纪和本世纪初就为科学家所发现,并且从物理学理论上作了正确的解释。自从工业发达国家发生能源危机以来,匈牙利、芬兰等一些国家,尤其是美国和以色列,调拨大笔资金研究和发展人造太阳能湖或太阳能水池,以寻求人类简单而又经济地利用太阳能的蹊径。

海洋的中心和边缘

当人类第一次离开地球,从太空遥望自己的家园时,人们惊讶地发现,地球是一颗蔚蓝色的水球。这是为什么呢?原来,在地球上的5.11亿平方千米的总面积中,海洋占了70.8%,面积达3.62亿平方千米,大约有38个中国这么大。所以,从太空远远望去,地球就成为一颗蔚蓝色的水球了。

地球上的陆地不仅比海洋小,而且显得比较零碎,这里一片,那里一块,好像突出在海洋上的一些大的"岛屿"。海洋却是连成一片的，各大洋都彼此相通，形成一个统一的世界大洋。所以，地球表面不是陆地分隔海洋，而是海洋包围陆地。地球上的居民全生活在大大小小的"岛屿"之上，只不过，有些"岛屿"相当大而已。

地球上的水很多，大大小小的湖泊、河流星罗棋布，而在其中唱主角的，对地球的方方面面形成显著影响的，自然首推海洋，因为海洋水总体积约有133899万立方千米，约占地球上水储量的96.5%。假如地球是一个平滑的球体，把海洋水平铺在地球表面，世界将出现一个深达2440米的环球大洋。

海洋是地球表面除陆地水以外的水体的总称，人们习惯上称它为海洋。其实，"海"和"洋"就地理位置和自然条件来说，它们是海洋大家庭中的不同成员。可以这么说，"洋"犹如地球水域的躯干，而"海"连同另外两个成员——"海湾"和"海峡"则是它的肢体。

"洋"指海洋的中心部分，是海洋的主体，面积广大，约占海洋总面积的89%。它深度大，其中4000～6000米之间的大洋面积约占全部大洋面积的近3/5。大洋的水温和盐度比较稳定，受大陆的影响较小，又有独立的潮汐系统和完整的洋流系统，色较高多呈蓝色，且水体的透明度较大。

世界的大洋是广阔连续的水域，通常分为太平洋、大西洋、印度洋和北冰洋。有的海洋学者，还把太平洋、大西洋和印度洋最南部的，靠近南极大陆的连通的水体，单独划分出来，称为南大洋。

"海"是大洋的边缘部分，约占海洋总面积的11%。它的面积小，深度浅，水色低，透明度小，受大陆的影响较大，水文要素的季度变化比较明显，没有独立的海洋系统，潮汐常受大陆支配，但潮差一般比大洋显著。

海按其所处的位置和其他地理特征，可以分为三种类型，即陆缘海、内陆海和陆间海。濒临大陆，以半岛或岛屿为界与大洋相邻的海，称为陆缘海，也叫边缘海，如亚洲东部的日本海、黄海、东海、南海等；伸入大陆内部，有狭窄水道同大洋或边缘海相通的海，称为内陆海，有时也直接叫做内海，如渤海、濑户内海、波罗的海、黑海等；介于两个或三个大陆之间，深度较大，有海峡与邻近海区或大洋相通的海，称为陆间海，或叫地中海，如地中海、加勒比海、红海等。

此外，根据不同的分类方法，海还可以分成许多类型。例如，按海水温度的高低可以分为冷水海和暖水海；按海的形成原因可以分为陆架海、残迹海，等等。

海湾是海或洋伸入陆地的一部分，通常三面被陆地包围，且深度逐渐变浅和宽度逐渐变窄的水域。例如，闻名世界的"石油宝库"波斯湾，仅以狭窄的霍尔木兹海峡与阿曼湾相通。不过，海与湾有时也没有严格的区别，比斯开湾、孟加拉湾、几内亚湾、墨西哥湾、大澳大利亚湾等，实际都是陆缘海或内陆海。

南海风光

海峡是两端连接海洋的狭窄水道。它们有的分布在大陆或大陆之间，有的则分布在大陆与岛屿或岛屿与岛屿之间。全世界共有海峡1000多个，其中适于航行的约有130个，而经常用于国际航行的主要海峡有40多个。例如介于欧洲大陆与大不列颠岛之间的英吉利海峡和多佛尔海峡，沟通太平洋与印度洋的马六甲海峡，被称为波斯湾油库"阀门"的霍尔木兹海峡；我国东部的"海上走廊"台湾海峡，沟通南大西洋和南太平洋航道的麦哲伦海峡以及作为地中海"门槛"的直布罗陀海峡等。

各具特色的四大洋

认识了"海"与"洋"的联系与区别，我们再来看一看四个大洋的基本情况。

太平洋

太平洋，位于亚洲、大洋洲、北美洲、南美洲和南极洲之间。太平洋的形状近似圆形，面积广达 17868 万平方千米，约占世界海洋总面积的 49.5%，是世界上面积最大、水域最广阔的第一大洋。

太平洋是世界水体最深的大洋，平均深度为 4028 米，全球超过万米深的 6 个海沟全在太平洋中，其中马里亚纳海沟是世界海洋最深的地方。

太平洋岛屿星罗棋布，中西太平洋是世界岛屿最多的水域，素有"万岛世界"之称。新几内亚岛、塔斯马尼亚岛、新西兰的北岛和南岛以及美拉尼西亚、密克罗尼西亚、玻利尼西亚三大岛群等，是太平洋中的重要岛屿。

太平洋是世界第一大洋

西太平洋岛屿众多，有闻名的花采列岛，包括阿留申群岛、千岛群岛、日本群岛、琉球群岛、台湾岛、菲律宾群岛和巽他群岛等。东太平洋岛屿稀少，主要有温哥华岛等。

太平洋的名字很美，其实并不"太平"。在南纬 40°，终年刮着强大的西风，洋面辽阔，风力很大，被称为"狂吼咆哮的四十度带"，是有名的风浪险恶的海区，对南来北往的船只造成很大威胁。夏秋两季，在菲律宾以东海面，常产生热带风暴和台风，并向东亚地区运行。强烈的热带风暴和台风，可以掀起惊涛骇浪，连万吨海轮也会被卷进海底。

太平洋沿岸和太平洋中，有 30 多个国家和一些尚未独立的岛屿，居住着世界总人口的近 1/2。近年来，太平洋地区的经济发展比较迅速，已引起世界的普遍关注。

大西洋

大西洋，位于南、北美洲和非洲之间，南接南极洲，通过深入内陆的属海地中海、黑海与亚洲濒临。

大西洋面积约 9430 万平方千米，是世界第二大洋。大西洋较大的边缘海、内海和海湾有地中海、黑海、比斯开湾、北海、波罗的海、挪威海、墨西哥湾、加勒比海和几内亚湾；著名的海峡有英吉利海峡（拉芒什海峡）、多佛尔海峡（加来海峡）、直布罗陀海峡、土耳其海峡以及进出波罗的海的卡特加特海峡、厄勒海峡和大、小贝尔特海峡等；较大的岛屿和群岛有大不列颠岛、爱尔兰岛、冰岛、纽芬兰岛、大安的列斯群岛、小安的列斯群岛、巴哈马群岛、百慕大群岛、亚速尔群岛、加那利群岛、佛得角群岛、马尔维纳斯群岛（福克兰群岛）以及地中海中的一些岛屿。

大西洋沿岸和大西洋中有近70个国家和地区。欧洲西部，南、北美洲的东部，非洲的几内亚湾沿岸，濒临辽阔的大西洋，是各大洲经济比较发达的地区。

印度洋

印度洋，东、西、北三面是陆地，分别是澳大利亚大陆、非洲大陆和亚洲大陆。东南部和西南部分别与太平洋、大西洋"携手"相连，南靠冰雪皑皑的南极洲。

印度洋的面积为7492万平方千米，约占世界海洋总面积的1/5左右，是世界第三大洋。

印度洋中的岛屿较少，大多分布在北部和西部，主要有马达加斯加岛和斯里兰卡岛以及安达曼群岛、尼科巴群岛、科摩罗群岛、塞舌尔群岛、查戈斯群岛、马尔代夫群岛、留泥汪岛等。印度洋的周围有30

印度洋上的马尔代夫群岛

多个国家和地区，除大洋洲的澳大利亚外，其余都属于发展中国家。

北冰洋

北冰洋，大致以北极为中心，被亚欧大陆和北美大陆所环抱。它通过格陵兰海及一系列海峡与大西洋相接，并以狭窄的白令海峡与太平洋相通。

北冰洋的面积为 1230 万平方千米，是世界上面积最小、水体最浅的大洋。因此，有人认为北冰洋不能同其他三个大洋相提并论，它不过是亚、欧、美三大洲之间的地中海，附属于大西洋，被称为北极地中海。

北冰洋地处北极圈内，气候寒冷，有半年时间绝大部分地区的平均气温为 –20℃～–40℃，且没有真正的夏季，边缘海域有频繁的风暴，是世界上最寒冷的大洋。同时，这里还有奇特的极昼极夜现象。夏天，连续白昼，淡淡的"夕阳"一连好几个月在洋面附近徘徊；冬季，绵延黑夜，星星始终在黑黝黝的天穹闪烁。最奇妙的是在北极的天空中，还可以看到色彩缤纷、游动变幻的北极光。

北冰洋表层广覆着冰层，冬季冰面达 1000 多万平方千米，夏季仍有 2/3 的洋面为冰雪所覆盖，是一片白茫茫的银色世界。这里的冰不仅多，而且厚，一般为 2～4 米，连重型飞机都可以在冰上起落。越接近极地，冰层越厚，极点附近竟厚达 30 多米！

北冰洋海岸线曲折，岛屿众多，且多边缘海。亚欧大陆北面自西向东有巴伦支海、喀拉海、拉普帖夫海、东西伯利亚海、楚科奇海等；北美大陆北面有波弗特海和各岛之间的众多海峡；格陵兰岛以东有格陵兰海。北冰洋的主要岛屿有世界最大岛屿格陵兰岛和斯匹茨卑尔根群岛、新地岛、新西伯利亚群岛、法兰士约瑟夫地群岛和北美洲北部的北极群岛等。

北冰洋通过拉布拉多寒流和东格陵兰寒流使海水流进大西洋时，往往随身携带许多"土特产"——冰山，浩浩荡荡向南漂去。这些冰山，形状奇特，千姿百态，峥嵘突兀，洁白耀眼。远远望去，仿佛一座座碧海玉山。然而，冰山虽美，却为祸不浅。冰山小的面积不足 1 平方千米，大的可达几平方千米，这些"庞然大物"在海上漂移，常常会造成沉船事故，所以有人说冰山是沉船的祸首。

海岸线

简单地说,海岸线就是陆地与海洋的交界线。海洋和陆地是地球表面的两个基本单元,海岸线就是把陆地与海洋分开的界限,一般指海洋涨潮时高潮所到达的界线。地质历史时期的海岸线,称古海岸线。海岸线可分为岛屿岸线和大陆岸线两种。要注意的是,海岸线不是一条线,而且也不是固定不变的,而是经常处于变化之中。

海上草原和海底森林

海洋里有1万多种植物,绝大多数都是低等的叶状植物,也就是海藻和海洋菌类。这些藻和菌类,大的如参天大树,小的肉眼难以看清。它们有的漂浮于海面,形成辽阔的海上草原;有的生长于海底,形成繁茂的海底森林。

在北大西洋中心,就有一块马尾藻形成的海上草原。由于这里风平浪静,水流微弱,飘浮的马尾藻不能远游,便在这里定居下来,并不断繁衍,盖满了大约450万平方千米的海面,远远看去真像是一片辽阔无边的草原,使这片海域有了"马尾藻海"的称号。

海洋植物不仅可以构成一片片海上草原,而且那些长得高大的海藻,也可以形成巨大的海底森林。长在海底的藻类,不像陆地上的植物那样,扎根于土壤,而是用假根附着在海底或岩石上,直接从海水里获得营养物质。在南太平洋沿岸生长的"海藻树",高3~15米,粗如人腿,退潮时才露出上部的枝叶。在北美洲的一些沿海地区,生长着一种"棕榈",长在海底岩石上,不怕风浪冲击,高达90余米。有一种巨藻,是藻类之王,高几十米到百余米,有的甚至达到500米,其"叶片"就有40~100厘米长,它的寿命有12年之久。就是这些巨藻形成了海底森林。

海洋"草原"和"森林"对人类来说,也是宝贵财富。许多海藻营养价值很高，如紫菜、海带、江篱、石花菜、海萝等，都是人们常吃的海菜。许多海藻的药用价值相当大，如海带含碘多，可治粗脖子病；紫菜可治高血压；海人草、铜藻、铁丁菜、青虫子等可入药驱蛔虫；萱藻、马尾藻、海蒿子等还可以提炼出抗癌药物呢！还有许多海藻是很好的氮肥和钾肥及重要的牲畜饲料。因此，人类正在努力开发利用海上草原和海底森林。

蕴藏丰富的海洋聚宝盆

浩瀚的海洋，处于地球的最低处，宛如盛满了水的盆子。这难以计量的大盆子里，蕴藏着比陆地上丰富得多的资源和宝藏，是一个巨大的"聚宝盆"。

锰结核

这聚宝盆底的表层，广泛分布着一种海底矿物资源——锰结核。这种东西的形状就像土豆一样，是一种黑色的铁和锰氧化物的凝结块。里面除含铁和锰之外，还含有铜、钴及镍等55种金属和非金属元素。整个海底大约覆盖着3万亿吨锰结核。并且还在不断增生，是取之不尽，用之不竭的。

海底表面还蕴藏着制造磷肥的磷钙石，储量可达3000多亿吨。如开发出来，可供全世界使用几百年，海底岩层中还有丰富的铁、煤、硫和岩盐等矿藏。

石油是最宝贵的燃料。目前已探知的海底石油就已有1350亿吨，占世界可开采石油的45%。我国近海、波斯湾沿海、北海等近海地区的储量最大。

在全球 1.35×10^{18} 吨的海水中，溶存着80多种元素，可提取 5.0×10^{16} 吨盐，3.1×10^{15} 吨镁，3.05×10^{15} 吨硫，6.6×10^{14} 吨钙，6.2×10^{14} 吨钾，1.2×10^{13}

吨锶，7.0×10^{12} 吨硼。此外，还有锂、镓、铀、铜等元素。

20世纪80年代以来，又发现了海底热液矿藏，总体积约3932万立方米，是金、银等贵金属的又一来源。因而，它又被称为"海底金银库"。

波涛汹涌的海水，永不停息地运动着。其中潜藏着无尽的能量。海水不枯竭，这能量就用不完，因此海水是可再生能源。全部海洋能大约有1528亿千瓦，这种能量比地球上全部动植物生长所需要的能量还要大几百倍。可以说，海洋是永不枯竭的电力来源。

海洋中有20多万种生物，其中动物18万种，植物2.5万种。海洋动物中有16000多种鱼类、甲壳类、贝类及海参、乌贼、海蜇、海龟、海鸟等，还有鲸鱼、海豹、海豚等哺乳动物。海洋植物中有大家熟知的海带、紫菜等。

有人统计，海洋生物的蕴藏量约342亿吨，它提供给人类的食品能力，等于全世界陆地上可耕种面积所提供农产品的1000倍。

海洋是个巨大的药材库

广袤无垠的大海中，不仅藏着石油和多种矿物，还藏有丰富的药材，种类繁多的海洋动植物，就是永不枯竭的医药来源。

我国早在唐代时，就有人撰写了专门研究海洋药材的著作《海药本草》（李珣著）。可见大海从很早起就开始为人类贡献药材了。

像鱼肝油、琼胶、鹧鸪菜、精蛋白、胰岛素以及中药所用的一些海味，都是历史悠久、疗效甚佳的海洋药物。近年来，人们又从海洋动植物中提取了抗生素、止血药、降血压药、麻醉药，甚至抗癌药。有一种杀菌能力很强的头孢霉素及其化合物就是从海洋微生物中提取的。它不仅能消灭革兰氏阳性、阴性杆菌，对青霉素都不能杀死的葡萄球菌也有效力，而且没有抗药性。

食用海带，可以弥补碘的不足，这是尽人皆知的。其实，从海带中提取的药材，对治疗高血压、气管炎哮喘以及治疗外出血都颇有疗效。从马尾藻中可以分离出一种广谱抗生素，而海洋中的马尾藻是取之不尽的。珍珠贝壳

马尾藻

的珍珠层粉具有治疗神经衰弱、风湿性心脏病等10多种疾病的功能。乌贼墨在治疗功能性子宫出血和其他类型的出血症方面大显神通，既实用又经济。乌贼是我国四大海产品之一，产量很高。

海龙、海马也是很重要的药用动物。早在《本草纲目》中对它们的功用就有描述。现代中医对海马的评价是，具有"补肾壮阳、镇静安神、舒筋活络、散淤消肿、止咳平喘、止血、催产"等作用。海龙的药效与海马相似。

海洋动物中有很大一部分具有毒性，有的毒性大得惊人。从某些有毒的鱼类中提取的有毒成分制成的麻醉剂，其效果比常用麻醉剂大上万倍，简直令人难以置信；从海绵动物中分离出来的药物，对病毒感染有明显疗效；从海蛇中可提取能缩短凝血时间的化合物；从柳珊瑚中能够提取前列腺素。

另外，某些海洋生物体内含有抗癌物质，如从河豚肝中提炼制成的药品，对食道癌、鼻咽癌、结肠癌、胃癌都有一定疗效；从玳瑁身上可提取治肺癌的药物。

海洋生物不断繁衍生长，无有穷尽。因此，这个药材库也是永远用不完的。

奇异的海洋潮汐现象

世界上大多数地方的海水每天都有两次涨落。白天海水上涨，叫做"潮"；晚上海水上涨，叫做"汐"。

海水为什么会时涨时落呢？这个问题从古代起就引起了人们的注意。直到英国物理学家牛顿发现了万有引力,揭穿潮汐的秘密才有了科学依据。

现在人们弄清了,潮汐现象主要是由月球的"引潮力"引起的。这个引潮力是月球对地面的引力,加上地球、月球转动时的惯性离心力所形成的合力。

月亮像个巨大的磁盘,吸引着地球上的海水,把海水引向自己,同时,由于地球也在不停地作圆周运动,海水又受到离心力的作用。一天之内,地球任何一个地方都有一次对着月球,一次背着月球。对着月球地方的海水就鼓起来,形成涨潮。与此同时,地球的某个另一点上的惯性离心力也最大,海水也要上涨。所以,地球上绝大部分地方的海水,每天总有两次涨潮和落潮,这种潮称为"半日潮"。而有一些地方,由于地区性原因,在一天内只有一次潮起潮落,这种潮称为"全日潮"。

潮汐形成原因示意图

不光月亮对地球产生引潮力,太阳也具有引潮力,只不过比月球的要小得多,只有月球引潮力的5/11。但当它和月球引力迭加在一起的时候,就能推波助澜,使潮水涨得更高。每月农历初一时,月亮和太阳转到同一个方向,两个星球在同一个方向吸引海水;而每月十五,月亮和太阳转到相反的方向,月亮的明亮部分对着地球,一轮明月高空挂,这时,两个星球在两头吸引海水,海潮涨落也比平时大。我国人民把初一叫做"朔",把十五叫"望",因此,这两天产生的潮汐就叫做"朔望大潮"。

海洋水色的诸多变幻

海色和水色,听起来是一致的,其实是两个不同的概念。海色,是人们看到的大面积的海面颜色。经常接触大海的人,会有这样的感受,海色会因天气的变化而变化。当阳光普照、晴空万里的时候,海面颜色会蓝得光亮耀眼;当旭日东升、朝霞映辉之下,或者夕阳西下、光辉反照之际,可以把大海染得金光闪闪;而当阴云密布、风暴逞凶的时候,海面又显得阴沉晦涩,一片暗蓝。当然,这种受天气状况影响而造成的视觉印象只是一种表象,它并不能反映海洋水颜色的真正面貌。

水色,是指海洋水体本身所显示的颜色。它是海洋水对太阳辐射能的选择、吸收和散射现象综合作用的结果,与天气状况没有什么直接的关系。平时,我们看到的灿烂阳光,是由红、橙、黄、绿、青、蓝、紫等七种颜色的光合作用成的。这些不同颜色的光线,波长是不相同的。而海水对不同波长的光线,无论是吸收还是散射,都有明显的选择性。在吸收方面,进入海水中的红、黄、橙等长波光线,在30~40米的深处,几乎全部被海水吸收,而波长较短的绿、蓝、青等光线,尤其是蓝色光线,则不容易被吸收,且大部分反射出海面;在散射方面,整个入射光的光谱中,蓝色光是被水分子散射得最多的一种颜色。所以,看起来,大洋的海水就是一片蓝色了。

海洋水的透明度与水色,取决于海水本身的光学性质,它们与太阳光线有一定的关系。一般情况下,太阳光线越强,海水透明度越大,水色就越高(科学家按海水颜色的不同,将水色划分为不同等级,以确定水色的高低),光线透入海水中的深度也就越深。反过来,太阳光线越弱,海水透明度就越小,水色就越低,透入光线也就越浅。所以,随着透明度的逐渐降低,海洋的颜色一般由绿色、青绿色转为青蓝、蓝、深蓝色。

此外,海洋水中悬浮物的性质和状况,对海水的透明度和水色也有很大地影响。大洋部分,水域辽阔,悬浮物较少,且颗粒比较细小,透明度较大,水色也多呈蓝色。比如，位于大西洋中央的马尾藻海域，受大陆江河影响小，海水盐度高，加上海水运动不强烈，悬浮物质下沉快，生物繁殖较慢，透明度高达 66.5 米，是世界海洋中透明度最高的海域。大洋边缘的浅海海域，由于大陆泥沙混浊，悬浮物较多，且颗粒又较大，透明度较低，水色则呈绿色、黄绿色或黄色。例如，我国沿海的胶州湾海水透明度为 3 米，而渤海黄河口附近海域仅有 1~2 米。

从地理分布上看，大洋中的水色和透明度随纬度的不同也有不同。热带、亚热带海区，水层稳定，水色较高，多为蓝色；温带和寒带海区，水色较低，海水并不显得那样蓝。当然，海水所含盐分或其他因素，也能影响水色的高低。海水中所含的盐分少，水色多为淡青；盐分多，就会显得碧蓝了。

千姿百态的"海光"现象

什么是"海光"呢？第二次世界大战太平洋战争期间，发生过这样一件事：一队正在驶往日本群岛作战的美国舰队，突然发现远处海面上闪动着明亮的火光，他们以为遇到了日本舰队，一阵慌乱之后，立即荷枪实弹进入了戒备状态。谁料不多一会儿，海面又恢复了平静，光亮消失得无影无踪，原来虚惊一场。

1909 年 8 月 11 日，驶往斯里兰卡科伦坡港的"安姆布利亚"号轮船正在夜航，突然在东南方向发现一片亮光，船员雀跃欢呼，以为见到了海港闪烁的灯光。可过了不久，他们才发现那是海洋发出来的一道巨大的光带在欺骗他们。

这就是"海光"，一种海水发光现象。问题是，这种现象并不是在所有的海域里都会发生的。

海光非常迷人，有的像绚丽的礼花，有的如巨大的光柱，有的仿佛是快速旋转的闪光的风车，有的又似串串火珠组成的变幻莫测的几何图形……

那么，为什么会发生海光呢？为什么只在某些海域显出海光现象？为什么海光又呈现各种姿态呢?

科学家经过长期研究发现,海光是一些会发光的海洋生物跟人们开的小小玩笑。原来,海水中有的浮游生物有发光的本领,像夜光虫、多甲藻、沟腰鞭虫、红潮鞭虫和一些水母、鱼类等,都能在夜晚发出微弱的亮光。这些生物体内有特殊的发光细胞或器官,包含有荧光酶和荧光素,在海水搅动的影响下,可以发生氧化作用,同时发出细小的亮光。在茫茫的黑夜,这些微弱的亮光汇集起来,就形成神奇绚丽的海光。可见,发光生物的存在是海光形成的物质基础,而海水的搅动则是外部条件。科学家发现,海光与海底火山爆发引起的地震波密切相关。强大的地震波引起海水激烈振荡,使海洋生物发出亮光。所以,在振荡强弱不同的海域,可以显示千姿百态的海光。

拉丁美洲古巴岛附近的"夜明海",就是世界上海光奇异的著名水域。那里生长着众多的海洋生物,死后磷质集聚,夜晚可以发出强烈的光芒,方圆可达十平方千米。每当轮船驶过,即使是在沉沉黑夜,船舷甲板上也非常明亮,甚至可以读书看报呢!

浮游生物

浮游生物是指在海洋、湖泊及河川等水域的生物中,自身完全没有移动能力,或者活动能力非常弱,因而不能逆水流而动,而是浮在水面生活的生物群落。浮游生物包括浮游动物和浮游植物。按个体大小,浮游生物可分为六类:巨型浮游生物,指大于1厘米的浮游生物;大型浮游生物,在5~10毫米之间的浮游生物;中型浮游生物,在1~5毫米之间的浮游生物;小型浮游生物,在50微米~1毫米之间的浮游生物;微型浮游生物,在5~50微米之间的浮游生物;超微型浮游生物,小于5微米的浮游生物。

肆虐的海洋风浪

俗话说："无风不起浪。"这形象地说明了风与浪的密切关系。这种因风而引起的波浪，也称风浪。

世界海洋上有许多著名的风暴区，风急浪高，推波助澜，给航行带来很大困难。太平洋、南印度洋、孟加拉湾、阿拉伯海、墨西哥湾、北海以及南非好望角附近海域，都是以风浪著称的海区。

位于南半球中高纬度的南非好望角附近海区，正处在著名的"咆哮的西风带"，在强劲的盛行西风控制下，全年约有100多天浪高都在6米以上，特大的巨浪高15米左右，是世界上风浪最大的海区之一。过去，这里曾被称为"风暴角"，后来，才改名为"好望角"。

位于欧洲大陆与大不列颠岛之间的北海，也经常有风暴发生和巨浪出现。风暴期间，北部风浪高达8～10米，南部也达6～7米。1949年和1953年曾发生了两次特大风暴潮，出现过危害很大的风浪。1953年1月31日那一次风暴，掀起十几米高的巨浪，水位比平均高潮水位高出3.7米，致使荷兰西海岸和英国东海岸许多地方被海水淹没，2000多人丧失生命。1979年12月15日，北海海域又遭受了一次特大风暴的袭击，狂风以每小时90千米的速度席卷海面，掀起的巨浪高达15米。这次大风暴，除造成船只遇难外，还使沿岸的港口设施和居民的生命财产遭受极大地损失。

世界上最高的风浪可以超过30米，船只航行中遇到它是十分危险的。1956年4月2日，前苏联考察船曾在澳大利亚东南部麦阔里岛以南600千米的海面上，拍摄到浪高24.9米的壮观的风浪照片。1933年1月6日，美国海船"拉马波"号在菲律宾至美国西海岸的太平洋中航行时，测到的海浪高达34米，当时风速达每小时126千米，这是目前人们观测到的世界海洋中最高的风浪。

大自然趣闻

无风也起三尺浪

看到这个小标题，你也许会想，这不是与前面提到的"无风不起浪"自相矛盾吗？然而，这两种说法都有道理。

小安的列斯群岛

居住在西部印度群岛小安的列斯群岛上的居民，经常在风和日丽的时候，看见海岸边上也出现很高的波浪，有时浪高竟达6米以上，而且可以持续两天或更长一点的时间。他们都不明白是怎么回事。后来，经过科学家长期的观察和研究，发现这些波浪并不是当地"土生土长"出来的，而是从大西洋遥远的中纬海区"邮递"过来的。

原来，风浪在形成过程中获得大量的能量，风停以后，波浪仍可继续向前传播，有时甚至能传到很远的无风区去。这就是在风和日丽的条件下也能涌起巨浪的缘故。所谓"无风三尺浪"、"风停浪不停，无风浪也行"，就是这个道理。这种在风停止、减弱或转向以后所残存的波浪以及从远处传到无风海区的波浪，就叫做涌浪，也称为长浪。

风浪的传播速度很快，涌浪的传播速度更快。涌浪可以日行千里，远渡重洋，传播到很远的海区去。因此，涌浪也会"跑"在风暴前头，向人们报告"风暴随后就到"的信息。在晴朗的日子里，海面上如果发现涌浪，而且浪越来越急，越来越大，就可能有强烈活动的气压中心正在向这里移近。例如，在我国的东海沿岸，当台风中心在400海里之外的太平洋上向海岸移动时，当地即可以观察到由台风中心传出来的涌浪。所以，在海滨广泛流传着一句谚语："无风来长浪，不久狂风降。"

前面我们讲的海浪，都发生在海洋的表面，那么，在海洋深处有没有波浪现象发生呢？海洋水是具有连续性和黏滞性的巨大水体，海面发生运动形成波浪时，波浪会向下传播。只是，由于海水深度的增加，波动的阻力也随之增大，能量逐渐消耗，波浪逐渐变小，以至全失。一般说，波浪运动传播的深度多为400米左右。所以，尽管海洋表面巨浪滔天，深海水仍然是一片宁静的。

在某些海域，虽然海洋表面没有波浪，但深海内部却有较强的水体波动现象，被人们称为内波。应该指出的是，这种内波与发生在海面上的波浪是根本不同的。

破坏力严重的海啸

当我们盛赞"大海是个聚宝盆"、"大海是个药材库"的时候，切莫忘了，大海发起狂来也很可怕，比如说海啸。海啸，是一种特殊的海浪，是由火山、地震或风暴引起的一种海浪。海啸波在大洋中不会妨碍船只的正常航行，但近岸时却能量集中，具有极大的破坏力。

由于海底或海边地震，以及火山爆发所形成的巨浪，叫做地震海啸。通常在6.5级以上的地震，震源深度小于20~50千米时，才能发生破坏性的地震海啸。产生灾难性的海啸，震级则要有7.8级以上。世界上有记载的由大地震引起的海啸，80%以上发生在太平洋地区。在环太平洋地震带的太平洋西北部海域，更是发生地震海啸的集中区域。

海啸主要分布在日本环太平洋沿岸，太平洋的西部、南部和西南部、夏威夷群岛、中南美和北美沿岸等地。世界上最常遭受海啸袭击的国家和地区，主要有日本、印度尼西亚、智利、秘鲁、夏威夷群岛、阿留申群岛、墨西哥、加勒比海地区、地中海地区等。虽然我国是一个多地震的国家，但发生海啸的次数并不多。

1883年，在东南亚的巽他海峡中，由于喀拉喀托火山喷发，产生了一次极强的海啸，掀起的巨浪高达35米，使印度尼西亚岛屿沿岸遭到严重破坏，同时毁坏了巽他海峡两岸的1000多个村庄。巨浪迅速在大洋中传播，急速穿过印度洋，绕过非洲南端的好望角进入大西洋，仅32个小时就传到英国和法国的沿海地带，其距离大约相当于地球圆周一半的路程。这次海啸，也使东印度群岛遭到惨重的损失。

海啸特效图片

1946年4月1日凌晨，夏威夷群岛万籁俱寂，憩睡的人们正在享受美梦的甜润。突然，海水奔腾咆哮地猛冲上来，使海岸边较高的地方也被海水吞没，几分钟后海水又迅猛地溃退而去，以至平时不见天日的海底珊瑚礁也露了出来，成片来不及逃走的鱼儿搁浅在海滩上乱蹦乱跳。15分钟后，海水以比第一次更凶猛的势头再一次猛扑上岸，人们清楚地看到一堵高大直立的"水墙"迅速地向前推进。如此来回数次，三个小时后，海面才恢复了平静。

这次海啸给夏威夷带来巨大的灾难，使163人死亡，大批房屋倒塌，海水深入内陆1千米以上，海港中停泊的一艘17000吨海轮被抛到岸上，一块重约13吨的石头被抛到20米以上的高空。估计经济损失达2500万美元。这次海啸是相距数千千米的阿留申海域海底地震爆发引起的，海啸波每小时推进约820千米，到群岛沿岸浪高达8米。

1960年5月，南美洲智利沿海海底爆发了多次强烈的地震，从而引起了一次震惊世界的海啸。这次海啸，在智利沿岸抛起10米高的波浪，使南部

320千米长的海岸遭难。海啸还以每小时700千米的惊人速度，用不到一天的时间传到太平洋的西岸，致使日本群岛的东海岸沿岸遭受到严重破坏。在海啸浪涛的袭击下，共有1000多户房屋被卷走，2万公顷土地被淹没，有的海船被掀到了岸上。

有的海啸是由台风、强低压、强寒潮或其他风暴引起的巨浪，称为风暴海啸。在世界大洋中，印度洋的孟加拉湾沿岸，是世界上风暴海啸危害最严重的地区。例如，1970年11月12日，印度洋上的飓风袭击了孟加拉沿岸，席卷了整个哈提亚岛，波浪高达20米，夷平了很多村落，50多万头牲畜被海水溺死，并使30万余人丧生，100万人无家可归。

目前，人们发现的世界上最高的海啸，是在美国阿拉斯加州东南的瓦尔迪兹海面上由地震引起的海啸，浪高达67米，大约相当于20层楼之高。

"海洋邮递员"的无私行为

海洋中的海水，按一定方向有规律地从一个海区向另一个海区流动，人们把海水的这种运动称为洋流，也叫做海流。

海流与河流是不一样的。海流比陆地上的河流规模大，一般长达几千千米，比长江、黄河还要长，宽度则相当于长江最宽处的几十倍甚至几百倍。

河流两岸是陆地，河水与河岸，界限分明，一目了然；而海流在茫茫大海中，海流的"两岸"依然是滔滔的海水，界限不清，难以辨认。

海洋中的这种"河流"，曾经协助过许多航海者。哥伦布的船队，就是随着大西洋的北赤道暖流西行，发现了新大陆；麦哲伦环球航行时，穿过麦哲伦海峡后，也是沿着秘鲁寒流北上，再随着太平洋的南赤道暖流西行，横渡了辽阔的太平洋。

海洋中的这种"河流"，还可以为人们传递信息。航行在海洋上的船员，有时把装有各种文字记录的瓶子投进海洋，就好像陆地上的人们把信件投入绿色的邮筒一样。这种奇异的"瓶邮"，为人类认识洋流、传送情报做出过重大贡献，也发生过许多非常有趣的故事。

1956年的一天，美国的一个叫作道格拉斯的年轻人，从佛罗里达州的海港驾着游艇驶向大海，打算在海上玩个痛快。他的妻子则在家里准备了一顿丰盛的晚餐，等待着他的归来。可是，他这一去便杳无踪影，尽管海岸自卫队出海反复搜寻，也没有发现任何线索。

两年后，美国佛罗里达州的有关部门突然收到一封来自澳大利亚的来信。

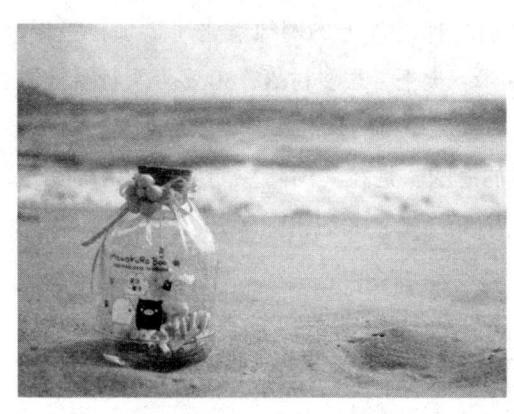

海洋"邮递员"送的漂流瓶

打开一看，里面有一封信和一张没有填上数字的银行支票，支票上的签名正是失踪的道格拉斯。支票上的附言写道："任何人发现这张字条，请将此支票连同我的遗嘱寄往美国佛罗里达州迈阿密海滩我的妻子雅丽达·道格拉斯收。由于引擎出故障，我被吹向了远海。"信上说，支票和附言是在澳大利亚悉尼市北部的阿伏加海滩上一个封紧的果酱瓶子里发现的。

美国的佛罗里达海岸距离澳大利亚的悉尼，大约有4.8万千米。小小的果酱瓶，横渡辽阔的大西洋漂到非洲，再横渡印度洋进入太平洋，最后来到遥远的澳大利亚海滨。

再看下面这个故事。

1980年，我国海洋科学工作者去南太平洋进行了一次科学考察。返航途中，横渡赤道时，考察船上有一位名叫周镭的科学工作者，突然想起人们在海上用瓶子传递信息的事，便急忙给妻子写了一封信。

他把写好的信装进信封，在右角上贴了一张印有五星红旗图案的邮票，并在左上角画了一个箭头指向"中国"二字，还用英语和俄语加以注明。然后把信装进一个啤酒瓶内，用白蜡密封，在考察船穿过赤道的时候投入茫茫的大海。

两个多月后，周镭返回了祖国。除开茶余饭后的话题之外，谁也没把投瓶的事放在心上。不料有一天，他突然收到来自巴布亚新几内亚的一封来信，打开一看，是一位中国血统的名叫陈国祥的先生寄来的。信中除了有周镭写给他妻子玉萍的家书外，陈先生还附有一封热情洋溢的书信。信中不仅讲明了周镭家书拾到的时间、地点和过程，还提到他与祖国的血肉关系，并希望今后加强联系。

不言而喻，这两个故事中的邮递员，都是前面我们提到的洋流。不过，洋流邮递只是人们在万般无奈的情况下的一种碰运气的举动，实际上是常常靠不住的。

红、黄、黑、白四大海

前面讲到了影响海洋水颜色的两个主要因素，透明度与水色。除此之外，别的因素也能决定某一海区的海水颜色，著名的红、黄、黑、白四大海就是如此。

红 海

红海是印度洋的一个内陆海。它像印度洋的一条巨大的臂膀深深地插入非洲东北部和阿拉伯半岛之间，成为亚洲和非洲的天然分界线。

红海的海水颜色很怪，通常是蓝绿色的，但有时候会变为红褐色。这是为什么呢？原来，在红海表层海水中繁殖着一种海藻，叫做蓝绿藻。这种浮游生物死亡以后，尸体就由蓝绿色变成红褐色。大量的死亡藻漂浮在海面上，久而久之，海面就像披上了一件红色外衣，把海面打扮得红艳艳的。同时，红海东西两侧狭窄的浅海中，有不少红色的珊瑚礁，两岸的山岩也是赭红色的，它们的衬托和辉映，使海水越发呈现出红褐的颜色，加上附近沙漠广布，热风习习，红色的砂粒经常弥漫天空，掉入海水中，把红海"染"得更红了。红褐色的海水，使它赢得了"红海"的美称。

黄 海

黄海位于中国大陆和朝鲜半岛之间，北起鸭绿江口，南到长江口北岸的启东角至朝鲜济州岛西南角。

黄海的海水透明度较低，水色呈浅黄色。由于黄海海水很浅，海水不能完全吸收红光、橙光和黄光，一部分被反射和散射出来。它们混合后，原本应使海水呈黄绿色。可是，因为历史上有很长一段时期，黄河曾从江苏北部携带大量泥沙流入大海，以后，虽然黄河改道流入渤海，但淮河等大小河流也带来大量泥沙，海水含沙量大，加上水层浅、盐分低，泥沙不易沉淀，把海水染成黄色。"黄海"也就因此而得名了。

黑　海

黑海位于欧洲东南部的巴尔干半岛和西亚的小亚细亚半岛之间，是一个典型的深入内陆的内海。黑海的北部经狭窄的刻赤海峡与亚速海相连，西南部通过土耳其海峡与地中海相通。

黑海的含盐度比地中海低，但是水位却比地中海高，所以，黑海表层的比较淡的海水通过土耳其海峡流向地中海，而地中海的又咸又重的海水从海峡底部流向黑海。黑海南部的水很深，下层不断接受来自地中海的深层海水，这些海水含盐多，重量大，和表层的海水上下很少对流交换，所以深层海水中缺乏氧气，好像一潭死水，并含有大量的硫化氢。由于硫化氢有毒性，使海洋中的贝类和鱼类

黑海的颜色很深

无法在深海生存。上层海水中生物分泌的秽物和死亡后的动植物尸体，沉到深处腐烂发臭，并使海水变成了青褐色。乘船在黑海海面上航行，从甲板向下看去，就会发现海水的颜色很深，"黑海"这个称呼也就因此而来。也有人说，因为冬天黑海有强大的风暴，两岸高耸暗黑的峭壁，加上风暴来临时的

天色，人们才叫它黑海。黑海的水其实并不黑，它的黑色只是海底淤泥衬托的结果。在正常的天气里，黑海是色黑而水清。

白 海

白海位于北极圈附近，是北冰洋的边缘海。白海看上去是一片洁白。然而，它的海水与其他海水没什么两样，也是无色透明的，并不是白色的，只是白海地处高纬地区，气候寒冷，一年的结冰期长达 6 个月。由于皑皑冰雪覆盖，白色冰山的漂浮，很少见到海面上常见的那种汹涌澎湃的波涛，使漫长的冬季形成一片白色的冰雪世界。举目望去，只见海面上白雪覆盖，无边无际，光耀夺目。因此，白海也就成了名副其实的"白色的海"了。

美丽与风险并存的珊瑚海

西南太平洋上的珊瑚海，是个半封闭的边缘海。它在澳大利亚大陆东北与新几内亚岛、所罗门群岛、新赫布里底群岛、新喀里多尼亚岛之间，水域辽阔，一望无垠。

珊瑚海地处南半球低纬地带，全年水温都在 20℃以上，最热月水温达 28℃，是典型的热带海洋。由于几乎没有河水注入，海水很洁净，呈蓝色，透明度比较高，深水区也比较平静。碧蓝的海上镶嵌着千百个青翠的小岛，周围黄橙色的金沙环绕，岛上绿树葱茏，礁上不时激起层层的白色浪花，在强烈的阳光照射下，显得光亮夺目。在小岛的岸边，俯览蔚蓝色的大海，可以看到水下淡黄、淡褐、淡绿和红色的珊瑚。美丽的珊瑚丛，有的形同蒲扇，有的宛如花枝和鹿角，有的好像一朵绽开的百合花……千姿百态，瑰丽动人。碧清的海水掩映着绚烂多彩的珊瑚岛群，呈现一派秀丽奇特的热带风光。

这里不仅有众多的珊瑚，还分布着由珊瑚子子孙孙造就而成的成千上万的珊瑚岛礁。世界上最大的珊瑚暗礁群大堡礁，绵延分布在大海的西部。它

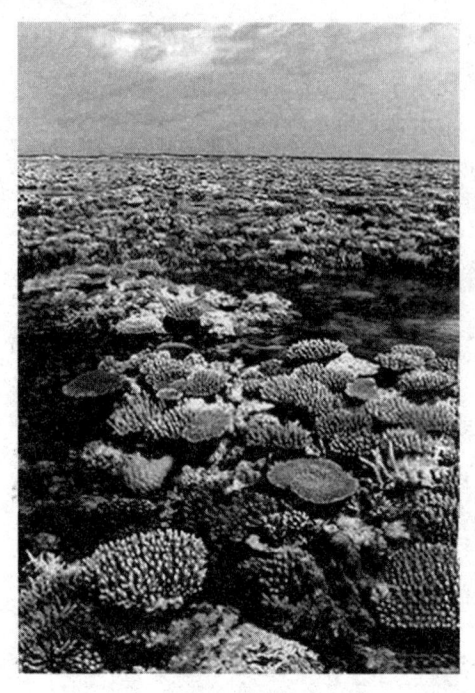

珊瑚海的绮丽风光

长达 2400 千米，北窄南宽，从 2 千米逐渐扩大到 150 千米，总面积达 8 万多平方千米。

在大堡礁礁石周围，遍布形形色色的海藻和软体动物以及许多色彩艳丽的其他海洋生物。碧蓝碧蓝的海水下面，是千姿百态的珊瑚虫的乐园。它们仿佛是一张巨大的彩色地毯，随着海水起伏、漂荡，五颜六色的热带鱼来往穿梭，构成一座巨大的水生博物馆，又像一座生机盎然的水中花园。

1979 年，澳大利亚政府规划，把总面积 1 万多平方千米的珊瑚岛屿与礁群，建成世界上最大的海洋公园，供人们参观游览。旅游者可以在岛礁上的白色帐篷里休憩、娱乐，可以在滨海的金色沙滩上垂钓、散步，也可以乘坐特制的潜水器，到水下亲自观赏迷人的水下世界。

当然，在这恬静的水面下，潜伏着许多高低起伏的暗礁，也会成为各类船舶航行的严重障碍；在景色秀丽的水下世界里，还隐藏着蓑鲉、蓝点、海葵、火海胆等不少有毒的生物。除此之外，这里的确称得上是一个美丽的海上乐园。

珊瑚海因广泛分布着珊瑚岛礁而闻名于世，珊瑚礁是这一海域海洋地理最突出的特征。

珊瑚海辽阔浩瀚，总面积达 479 万多平方千米。由于面积大，海水总体积达 1140 多万立方千米。珊瑚海是世界上面积最大的海，也是大海家族中的大哥哥。

软体动物

软体动物,一类身体柔软的无脊椎动物,是海洋中的第二大种群,约有7500种。一般具有左右对称的体型,常常有一个外壳,没有体节,大多可分为头、足、内脏囊等3部分。外层皮肤从背部折皱成一层皮膜把身体包围起来,并分泌出石灰质。由于硬壳会妨碍活动,所以软体动物的行动都相当缓慢。

没有海岸的海——马尾藻海

世界上的海,尽管与邻近海洋相通,但一般都是有海岸的。有趣的是,大西洋中却有一个没有海岸的海,既不与大陆相连,也不被陆地所包围,它就是萨加索海,也叫马尾藻海,人们称它为"没有海岸的海"或"洋中之海"。

马尾藻海在中大西洋的北部,恰好在北大西洋环流的中央。宽约2000千米,长约5000千米。北大西洋环流按顺时针方向旋转,同时使海水不断向海域中部堆积,形成一层700米厚的均匀而又温暖的"马尾藻水"。这层海水在环流影响下,也极缓慢地按顺时针方向运动。当然,马尾藻海是一个极不稳定的海区。由于组成北大西洋环流的各海流随季节和气候不断变化,马尾藻海的边界也随之而变化。

马尾藻海

这里的海水像水晶一样清澈,水色深蓝而透明,透明度是世界大洋中最高的。在有阳光的日子里把照相底片放在1083米深处,底片仍然可以感光。

马尾藻海的海水很咸,马尾藻在这里大量繁殖并旺盛地生长着,厚厚的海藻铺在茫茫的大海上。有时，风和海流拖着海藻，形成带状的"风草列"，延伸到很远的地方，使马尾藻海仿佛是一条巨大的印着蓝色条纹的橄榄色地毯。有人估计，这里的马尾藻总量约为1500～2000万吨。

这些马尾藻绝大部分不是长在海底，而且没有传种的生殖器官。它们非常适应漂浮生活，能够直接从海水中吸收养分。

令人费解的是，这个海区并不是那么"肥沃"，为什么马尾藻能大量繁殖和生长？有人认为，马尾藻海的各种马尾藻是从西印度群岛附近漂来的。也有人认为，是由本海生长出来的，最早它可能来自海底的苗床，后来进化到有自由漂浮的能力，并长出幼芽，逐渐变成了新的海草。

马尾藻海生活着许多奇形怪状的动物，如会膨胀的刺鲀、含着马尾藻飞来飞去筑巢的飞鱼、身体细长的海龙、马林鱼、剑鱼、旗鱼以及马尾藻鱼、海蛞蝓等。长长的海龙非常有趣，它长着一个管状长嘴，嘴内无牙，混在海藻中就像海藻的分支，随着海藻有节奏地波动。与海龙有密切关系的海马，全身盖着一层骨盔板，善于伪装，白天与海藻颜色一样，晚上则变黑，看上去似爬行动物，实际也是一种鱼。

飞　鱼

这里最奇妙的动物要算马尾藻鱼了，这是一种凶猛的小型捕食性动物。当长到20厘米长时，它就开始庄严"打扮"自己。它的凹凸不平、布满白斑的身体，与马尾藻颜色一致，而且长着像马尾藻"叶子"一样的附属物。它的眼睛可以变色，胸前有一对奇妙的鳍。这对胸鳍互相配合，灵活得像"手"一样，能抓住海藻。在长满牙齿的大嘴上悬着一个肉疙瘩，这是它引诱小动物上钩的诱饵。如果遇到敌害攻击，它能张开大嘴向敌人猛扑，并且吞下大量海水，把身体胀得鼓鼓的，以致攻击者如不把它从嘴里吐出，就会活活地憋死。

河流、湖泊、海洋的奇闻趣事

有名无"实"的"海"

世界上有那么一些水域很有意思，它们虽然叫海，却名实不符。例如里海、死海等就是这样的水域。

里海位于亚欧两洲之间，南面和西南面被厄尔布尔士山脉和高加索山脉所环抱，其他几面是低平的平原和低地。它的东、西、北三面湖岸属俄罗斯，南岸在伊朗境内。里海南北狭长，形状略似"S"型，南北长约1200千米，东西平均宽约320千米，湖岸线长约7000千米，面积37100平方千米，湖水总容积为76000立方千米，是世界上面积最大的湖泊。

里海的水源补给，来自伏尔加河、乌拉尔河以及地下水和大气降水。其中伏尔加河水带来进水量的70%左右，是里海最重要的补给来源。里海位于荒漠和半荒漠环境之中，气候干旱，蒸发非常强烈。而且进得少，出得多，湖水水面逐年下降。较之往年，现在湖面积大大缩小了。

这条伏尔加河是里海最重要的补给水源

因为水分大量蒸发，盐分逐年积累，湖水也越来越咸。由于北部湖水较浅，又有伏尔加河等大量淡水注入，所以北部湖水含盐度低，而南部含盐度是北部的数十倍。

里海地区石油资源丰富，西岸的巴库和东岸的曼格什拉克半岛地区以及里海的湖底，是俄罗斯重要的石油产区之一。里海南岸的厄尔布尔士山麓地带也蕴藏有石油和天然气。里海湖底的石油生产，已扩展到离岸数十千米的水域。里海物产资源丰富，既有鲟鱼、鲑鱼、银汗鱼等各种鱼类繁衍，也有海豹等海兽栖息。里海含盐量高,盛产食盐和芒硝。

里海是一个地地道道的内陆湖。那么,又为什么被称为"海"呢?原来,里海水域辽阔,烟波浩渺,一望无垠,经常出现狂风恶浪,犹如大海翻滚的波涛。同时,里海的水是咸的,有许多水生动植物也和海洋生物差不多。另外,里海与咸海、地中海、黑海、亚速海等,原来都是古地中海的一部分,经过海陆演变,古地中海逐渐缩小,这些水域也多次改变它们的轮廓、面积和深度。所以,今天的里海是古地中海残存的一部分,地理学上称为海迹湖。

于是,人们就把这个世界上最大的湖,称为"里海"了。其实,它并不是真正的海。

位于西亚阿拉伯半岛上的死海,南北长82千米,东西最宽18千米,面积为1000多平方千米。死海位于深陷的盆地之中,湖底最低的地方,低于海平面790多米,是世界大陆上的最低点。

死海含盐度比一般海水要高7倍左右。死海的含盐度为什么这么高呢?这与它所在地区的地理环境密切相关。死海的东西两岸都是峭壁悬崖,只有约旦河等几条河流注入,没有出口。附近分布着荒漠、砂岩和石灰岩层,河流夹带着矿物质流入死海。这里气候炎热,干燥少雨,蒸发强烈,年深日久,湖中积累了大量盐分,就成了特咸的咸水湖了。如果用一个杯子盛满死海水,等完全蒸发后,就会留下1/4杯的雪白的盐分和其他矿物质凝结物。

因为湖水太咸,把鱼放入水中就会立即死亡。湖滨岸边也是岩石裸露,一片光秃,没有树木,寸草不生,故称死海。不过,死海并非绝对的"死",人们在这里还发现有绿藻和一些细菌。

死海是一个大宝库,那里蕴藏着丰富的溴、碘、氯等化学元素。据估计,死海中含氯化镁220亿吨,氯化钠120亿吨,氯化钙60亿吨,氯化钾20亿吨,溴化镁10亿吨。

死海有个邻居,就是地中海。地中海是个名副其实的海,而死海实际上是个被陆地包围的内陆湖,只不过有一个"海"的雅号罢了。